1-8

1-34

1-49

2-34

2-43

2-63

3-21

3-38

3-42

3-55

3-63

3-47

4-50

4-60

4-71

4-78

4-88

5-54

5-55

5-60

5-67

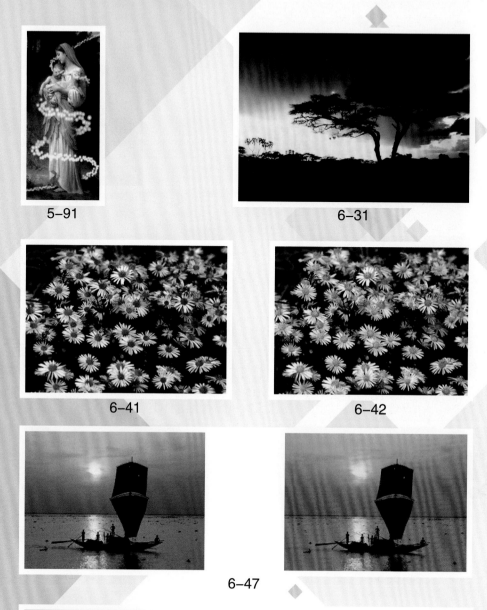

5-91

6-31

6-41

6-42

6-47

7-7

7-22

7-38

7-54

7-67

7-84

8-29

8-39

8-44

8-53

8-64

9-44

9-56

10-27

11-1

11-13

11-32

11-39

12-6

12-15

13-2

13—9

13—27

14—4

14—5

14—33

14—49

21 世纪高等学校计算机公共课程"十二五"规划教材·案例教程系列

Photoshop 图像处理与
平面设计案例教程
（第 2 版）

主　编　夏三鳌

副主编　谢晓勇　伍丽媛　谢晓华

中国铁道出版社有限公司

CHINA RAILWAY PUBLISHING HOUSE CO., LTD.

内 容 简 介

本书以图像处理与平面设计为基本知识点，以学习使用 Photoshop 中文版软件为重点，系统地介绍了图像处理与平面设计的技能与技巧。本书共分为14章：第1和第2章重点介绍了平面设计与图像处理的基础知识；第3～10章详细讲解了 Photoshop 软件的具体操作，包括 Photoshop 中各种工具的应用、图像的编辑方法，以及使用不同的滤镜打造出不同的视觉效果等；第11～14章系统地讲述了色彩设计、抠图、包装与封面设计、平面广告设计技法，并通过实例的制作对各种常用工具进行综合的运用。

本书内容充实、文字精练、配图丰富。书中涵盖了 Photoshop 软件几乎所有的主要命令，并附有拓展实例，书中案例选择实用且接近商业制作。因此，对读者择业取向有一定的帮助。

本书既可以作为参加全国计算机等级考试一级 Photoshop 的备考教材，也可以作为各类高等院校、职业院校及计算机培训学校相关专业的教材和参考书，还可以作为图像处理、平面设计人员和 Photoshop 爱好者的自学教材。

图书在版编目（CIP）数据

Photoshop 图像处理与平面设计案例教程/夏三鳌主编.
—2版. — 北京：中国铁道出版社，2015.8(2019.9重印)
21世纪高等学校计算机公共课程"十二五"规划教材·
案例教程系列
ISBN 978-7-113-20551-5

Ⅰ. ①P… Ⅱ. ①夏… Ⅲ. ①图象处理软件－高等
学校－教材 Ⅳ. ①TP391.41

中国版本图书馆 CIP 数据核字（2015）第 190344 号

书　　名：Photoshop 图像处理与平面设计案例教程（第2版）
作　　者：夏三鳌　主编

策　　划：刘丽丽　　　　　　　　　　读者热线：(010) 63550836
责任编辑：周　欣　贾　星
封面设计：付　巍
封面制作：白　雪
责任校对：王　惠
责任印制：郭向伟

出版发行：中国铁道出版社有限公司（100054，北京市西城区右安门西街8号）
网　　址：http://www.tdpress.com/51eds/
印　　刷：北京鑫正大印刷有限公司
版　　次：2011年6月第1版　　　2015年8月第2版　　　2019年9月第2次印刷
开　　本：787mm×1092mm　1/16　印张：15.75　插页：4　字数：372千
书　　号：ISBN 978-7-113-20551-5
定　　价：38.00元

第 2 版前言

FOREWORD

　　Photoshop 作为目前流行的图像处理应用软件，自问世以来就以其在图像编辑、制作、处理方面的强大功能和易用性、实用性而备受广大计算机用户的青睐。

　　Adobe 公司推出的 Photoshop 图像处理与平面设计软件，就如同影视界的好莱坞一样，成了计算机图形软件的"梦幻工厂"。Photoshop 是图像处理中的佼佼者，被广泛应用于平面设计领域，是目前国内外市场上使用最广泛、功能最完善的图形设计工具之一。

　　本书以理论＋案例的形式进行讲解，通过从简单到复杂的案例实现，让读者更好、更快地理解和掌握 Photoshop CS6 软件相关的命令及其使用方法。案例选择实用且接近商业制作，因此，对读者择业取向有一定的帮助。

　　本书摒弃了常见的依次罗列菜单、命令、工具等初级教程的写法，尝试以全新的理念诠释 Photoshop CS6 的深层应用，以典型的实例制作为主线讲解，通过对这些实例的详细讲解，将 Photoshop CS6 的各项功能、使用方法及其综合应用融入其中，从而达到学以致用、立竿见影的学习效果。

　　本书在第一版基础上做了修订与完善工作，将软件版本升级到 CS6，并对书中案例进行了更新替换。本书的主要特点如下：

　　1. 通过实例掌握概念和功能

　　人们学习新知识时，理解各种概念是掌握其功能的关键。在 Photoshop 中，有许多概念比较难理解，本书通过让初学者亲身实践从而掌握操作，这种形式是理解概念的最佳方式。

　　2. 实例丰富，紧贴行业应用

　　本书作者来自教学第一线，有丰富的教学与实践经验，编写本书过程中精心组织了与行业应用、岗位需求紧密结合的典型实例，让教师在授课过程中有更多的演示环节，让学生在学习过程中有更多的动手实践机会，以巩固所学知识，迅速将所学内容应用到实际工作中。

　　3. 内容循序渐进

　　本书内容由浅入深，共含 14 章：第 1 章和第 2 章重点介绍了平面设计与图像处理的基础知识；第 3～10 章详细讲解了 Photoshop 软件的具体操作，包括 Photoshop 中各种工具的应用、图像的编辑方法，以及使用不同的滤镜打造出不同的视觉效果等；第 11～14 章系统地讲述了色彩设计、抠图、包装与封面设计、平面广告设计技法，并通过实例的制作对各种常用工具进行综合的运用。

4．彩插完美展现案例效果

由于本书是黑白印刷，为了更好地展示案例效果，本书安排了8面彩色插页供读者参考和欣赏。

本书既可以作为参加全国计算机等级考试一级 Photoshop 的备考教材，也可以作为各类高等院校、职业院校及计算机培训学校相关专业的教材和参考书，还可以作为图像处理、平面设计人员和 Photoshop 爱好者的自学教材。

本书系湖南省教育科学研究基地——信息技术教育研究基地阶段性成果；2013年湖南省教育科学"十二五"规划项目"地方高校动漫人才校企合作培养模式研究"（项目编号：XJK013CGD120）、2014年湖南科技学院数字媒体技术专业综合改革试点项目成果。

本书由夏三鳌任主编，谢晓勇、伍丽媛、谢晓华任副主编。由于作者的经验有限，书中难免有疏漏和不足之处，在此恳请专家和同行批评指正。如读者在阅读本书的过程中遇到问题或有其他建议，请发电子邮件至 xiasanao@163.com。

编　者

2015 年 6 月

第1版前言

　　Photoshop 作为目前最流行的图像处理应用软件，自问世以来就以其在图像编辑、制作、处理方面的强大功能和易用性、实用性而备受广大计算机用户的青睐。

　　Adobe 公司推出的 Photoshop 图像处理与平面设计软件，就如同影视界的好莱坞一样，成了计算机图形软件的"梦幻工厂"。Photoshop 是图像处理中的佼佼者，被广泛应用于平面设计领域，是目前国内外市场上使用最广泛、功能最完善的图形设计工具之一。

　　本书以理论＋案例的形式进行讲解，通过从简单到复杂的案例实现，让读者更好、更快地理解和掌握 Photoshop CS5 软件相关的命令及其使用方法。案例选择实用且接近商业制作，因此，对读者择业取向的确定有一定的帮助。

　　本书摒弃了常见的依次罗列菜单、命令、工具等初级教程的写法，尝试以全新的理念诠释 Photoshop CS5 的深层应用，以典型的实例制作为主线讲解、剖析了 28 个综合实例，通过对这些实例的详细讲解，将 Photoshop CS5 的各项功能、使用方法及其综合应用融入其中，从而达到学以致用、立竿见影的学习效果。

　　本书的主要特点有三个：

　　1．通过实例掌握概念和功能

　　人们学习新知识时，理解各种概念是掌握其功能的关键。在 Photoshop 中，有许多概念比较难理解，本书通过让初学者亲身实践从而掌握操作，这种形式是理解概念的最佳方式。

　　2．实例丰富，紧贴行业应用

　　本书作者来自教学第一线，有丰富的教学与设计经验，编写本书过程中精心组织了与行业应用、岗位需求紧密结合的典型实例，让教师在授课过程中有更多的演示环节，让学生在学习过程中有更多的动手实践机会，以巩固所学知识，迅速将所学内容应用到实际工作中。

　　3．内容循序渐进

　　本书内容由浅入深安排为 12 章：第 1 章和第 2 章重点介绍了平面设计与图像处理的基础知识；第 3 章至第 10 章详细讲解了 Photoshop 软件的具体操作，包括 Photoshop 中各种工具的应用、图像的编辑方法，以及使用不同的滤镜打造出不同的视觉效果等；第 11 章和第 12 章系统地讲述了包装与封面设计、平面广告设计的制作，并通过实例的制作对各种常用工具进行综合的学习。

　　本书内容丰富、层次清晰、图文并茂，特别适合作为各类高等院校、职业院校及计算机培训学校相关专业的教材和参考书，也可以作为图像处理、平面设计人员、Photoshop 爱好者的自学教材。

最后特别需要指出的是，在成书的过程中得到了聂志成教授、唐烈琼教授等各位专家的指导与支持，在此一并谢过。

由于作者的经验有限，书中难免有疏漏和不足之处，在此恳请专家和同行批评指正。如读者在阅读本书的过程中遇到问题或有其他建议，请发电子邮件至 xiasanao@163.com。

编 者

2011 年 4 月

Ps

目 录

CONTENTS

第 1 章
图像处理与平面设计基础

本章简单介绍 Photoshop CS6 界面操作及其应用领域以及平面设计基础。平面设计是将不同的基本图形，按照一定的规则在平面上组成图案，主要在二维空间范围以轮廓线划分图与地之间的界限，描绘形象。平面设计所表现的立体空间感，并非实在的三维空间，而仅仅是图形对人的视觉引导作用形成的幻觉空间。

所谓"构成（Composition）"是将造型要素按照某种规律和法则组织、建构理想形态的造型行为，是一种科学的认识和创造的方法。构成在造型艺术领域里还有组织、建造、结构、构图、造型等含义，构成学包括平面构成、色彩构成、立体构成。

本章重点与难点
- ◎ 黑白平面构成；
- ◎ 色彩构成。

1.1 Photoshop CS6 的界面操作

为了使 Photoshop CS6 的操作界面更符合个人使用习惯，可对操作界面的布局进行调整。本节将分别介绍自定义工作区、工具箱、调板组等的使用方法。

1.1.1 自定义工作区

Photoshop CS6 预设了多款工作区样式，用户可直接单击"窗口"→"工作区"命令，在下拉菜单中选择所需的工作区样式即可，如图 1-1 所示。

另外，通过单击"编辑"→"首选项"→"界面"命令，可在打开的"首选项"对话框中选择是否自动显示隐藏面板，是否显示工具提示等，如图 1-2 所示。

> **提 示**
>
> 自定义工作区后，可在"工作区"下拉菜单中选择"存储工作区"命令，对工作区进行存储，方便下次直接调用。

图 1-1　工作区

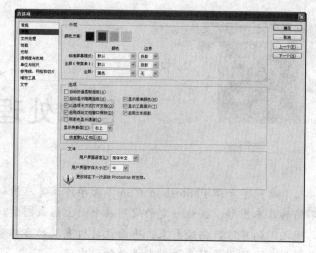

图 1-2　"首选项"对话框

1.1.2　工具箱操作

在 Photoshop CS6 中，为了能让用户拥有更大的工作区域，开发者将工具箱设计为可折叠的形式，用户只需单击顶部的双向箭头按钮，即可将工具箱在单排和双排显示效果间进行切换，如图 1-3 所示。默认状态下，工具箱以单排形式放置在工作界面的左侧。

Photoshop CS6 的工具箱中包含了 50 多种工具。某些工具图标的右下角有一个三角符号，表示在该工具位置上存在一个工具组，其中包括了若干相关工具。要选择工具组中的其他工具，可在该工具图标上按住鼠标左键不放，在弹出的工具列表框中选择相应工具。

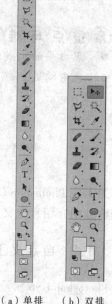

（a）单排　（b）双排

图 1-3　工具箱

> **提示**
>
> 在英文输入法状态下，在按住【Shift】键的同时按工具列表中的字母键，可以在该组工具中的不同工具间进行交替切换。
>
> 若要移动工具箱的位置，只需将鼠标指针定位在工具箱上方的空白处，然后按住鼠标左键并拖动鼠标即可。

选择某个工具后，Photoshop 将在其属性栏中显示该工具的相应参数，用户可以通过该工具属性栏对工具参数进行调整。图 1-4 所示即为矩形选框工具的属性栏。

图 1-4　矩形选框工具属性栏

1.1.3 调板操作

在 Photoshop CS6 中，调板位于程序窗口右侧，如图 1-5 所示。它们浮动于图像的上方，不会被图像所覆盖。其主要功能是观察编辑信息、选择颜色以及管理图层、路径和历史记录等。

另外，如果用户想要关闭或打开某个调板，单击"窗口"菜单中的相应菜单项即可，如图 1-6 所示。

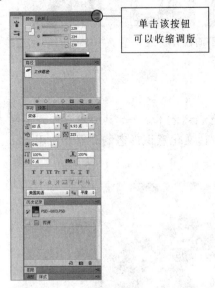

图 1-5 调板   图 1-6 打开/关闭调板

提 示

按【Shift+Tab】组合键，可以在保留工具箱的情况下，显示或隐藏所有调板。

Photoshop CS6 中的调板不但可以隐藏、伸缩、移动，还可以将其任意拆分和组合。

要拆分调板，只需将鼠标指针移至某个调板标签上，按住鼠标左键将其拖动到其他位置，即可将该调板拆分成一个独立的调板；要将一个独立的调板移回调板组上，只需将其拖动到调板组中即可。需要注意的是，重新组合的调板只能添加在其他调板的后面。

要恢复已经分离和组合的调板到其默认位置，还有另外一种方法，那就是单击"窗口"→"工作区"→"复位调板位置"命令。

1.2 Photoshop 的应用领域

Photoshop 是优秀的图像处理编辑软件，它的应用十分广泛，如平面设计、三维动画、插画设计、网页设计、数码摄影后期处理等，Photoshop 在每一个领域都发挥着不可替代的作用。

1.2.1 在平面设计中的应用

Photoshop 的出现不仅引发了印刷业的技术革命，也成为了图像处理领域的行业标准。在平面设计与制作中，Photoshop 已经渗透到了平面广告、包装、海报、POP、书籍装帧、印刷、制版等各个环节，如图 1-7 所示。

图 1-7　在平面设计中的应用

1.2.2　在插画设计中的应用

计算机艺术插图作为 IT 时代的先锋视觉表达艺术之一，其触角延伸到了网络、广告、CD 封面甚至 T 恤，插图已经成为新文化群体表达文化意识形态的利器。使用 Photoshop 可以绘制风格多样的插画，如图 1-8 所示。

图 1-8　在插图设计中的应用

1.2.3　在数码摄影后期处理中的应用

作为强大的图像处理软件，Photoshop 可以完成从照片的扫描与输入，到校色、图像修正，再到分色输出等一系列专业化的工作。不论是色彩与色调的调整，照片的校正、修复与润饰，还是图像创造性的合成，在 Photoshop 中都可以找到最佳的解决方法，如图 1-9 所示。

图 1-9　在数码摄影后期处理中的应用

1.2.4　在网页设计中的应用

随着 Internet 的流行，网页的设计也变得越来越重要。通常都是先用 Photoshop 生成精美的图片，然后放入网页编辑软件中进行合成而得到精美的网页，如图 1-10 所示。

图 1-10　在网页设计中的应用

1.2.5　在三维动画和后期合成中的应用

由于电影、电视和游戏越来越多地使用动画，三维动画软件已经成为软件行业中发展最快的一个分支。不管哪一种三维动画软件都离不开 Photoshop，因为它们需要 Photoshop 来制作贴图和进行后期合成，如图 1-11 所示。

图 1-11　在三维动画和后期合成中的应用

1.3 平 面 构 成

平面构成训练学生的理性思维，它的训练重点是要学生明确基本设计要素，充分掌握基本构成形式和点、线、面等基本几何要素。它不表现具体形象，而是反映平面设计中运动变化的规律。

1.3.1 平面构成的元素

1. 概念元素：点、线、面、体

概念是一种思维形式，概念元素只存在于人们的意念之中，人眼不可见。点、线、面、体本身并无实际意义，只有通过设计师的运用后才有实际的效果，如图 1-12 所示。

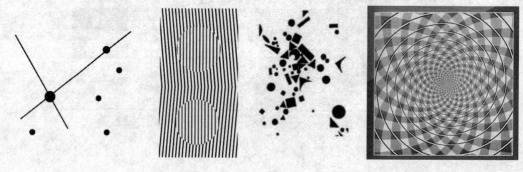

图 1-12　点、线、面、体

2. 视觉要素：形状、大小、色彩、肌理

这是平面设计中最主要的部分，上面所说的概念元素必须通过它们才能体现出来，如图 1-13 所示。

图 1-13　形状、大小、色彩、肌理

3. 形象

在白纸上随意的一点或一画，无论再细小，都一定有其形状、大小、色彩和肌理，这就是形象，它是可见的。它可以分为：点的形象、线的形象、面的形象、正负形象（图的反转）、形象与色彩的配置、形象与形象之间的关系（分离、接触、联合、减缺、覆叠、透视、差叠、套叠），如图 1-14 所示。

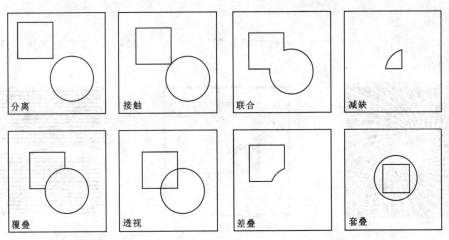

图 1-14　分离、接触、联合、减缺、覆叠、透视、差叠、套叠

1.3.2　平面构成的基本形式

平面构成的基本形式如下：

1. 重复

重复是最基本的构成表现形式，在平面构成中，相同的形象出现两次或两次以上就是重复，它能够使图像产生整齐的美感，起到加强的作用，如图 1-15 所示。

2. 近似

重复构成的轻度变异就是近似，它可以消除重复构成的单调作用，如图 1-16 所示。

3. 渐变

渐变是一种运动变化的规律，它可以造成视觉上的幻觉，如图 1-17 所示。

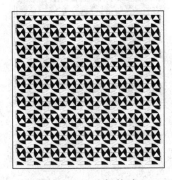

图 1-15　重复构成　　　　图 1-16　近似构成　　　　图 1-17　渐变构成

4. 发射

发射是特殊的重复和渐变，形象环绕着一个或几个中心点，日常生活中太阳光、菊花瓣等就是典型的发射构成，如图 1-18 所示。

5. 变异

变异是规律的突变，它必须在保证整体规律的前提下，使小部分与整体秩序不合但又与规律相关联，此小部分称作变异，如图 1-19 所示。

6. 对比

对比又称对照，是将差异较大的两个要素配列在一起，使两者产生的对照更加强烈，如图 1-20 所示。

图 1-18　发射构成

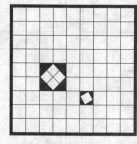

图 1-19　变异构成

图 1-20　对比构成

7. 结集

结集设计基本形在框架内，随意散布，稀疏稠密不匀，无规律可循。结集主要追求疏密节奏，如图 1-21 所示。

8. 空间

在平面构成中，空间其实只是给人的一种感觉，其实质还是平面，如图 1-22 所示。

9. 肌理

任何形象表面的纹理都可称作肌理，平面设计研究的肌理是有一定审美价值的，如图 1-23 所示。

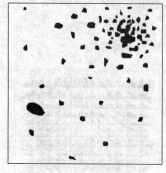

图 1-21　结集构成

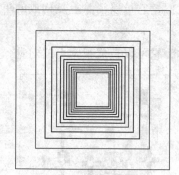

图 1-22　空间构成

图 1-23　肌理构成

以上就是平面构成最基本的知识，看起来有些抽象，只有把这些抽象的构成形式同实际的设计形象相结合起来，才能领悟其中的奥妙。

1.4　色彩构成

色彩是客观存在的物质现象，是光刺激眼睛所引起的一种视觉感。它是由光线、物体和眼睛三个感知色彩的条件构成的。缺少任何一个条件，人们都无法准确地感知色彩。色彩构成遵循美的规律和法则，是色彩及其关系的组合。它和绘画一样是视觉艺术的表现手段，是可视的艺术语言。

1.4.1　色彩概述

1. 色彩的产生

色彩是通过物体透射光线和反射光线体现出来的。透射光线的颜色由物体所能透过的光线的多少、波长决定，如显示器的色彩是透过屏幕显示的；反射光线的颜色由物体反射光线的多少、波长及吸收光线的波长决定，如书本上的图案、衣服上的颜色是由反射光线决定的。

可以说，没有光就没有颜色，不同的光产生不同的颜色。光谱中的色彩以红、橙、黄、绿、蓝、靛、紫为基本色。

2. 色彩的三要素

色相、明度、纯度为色彩的三要素，又称三属性。一个色彩的出现，必然同时具备这三个属性。

- 色相：特指色彩所呈现的面貌，它是色彩最重要的特征，是区分色彩的重要依据。色相以红、橙、黄、绿、蓝、靛、紫的光谱为基本色相，而且形成一种秩序。
- 明度：指色彩本身的明暗程度，有时候又称亮度，每个色相加入白色可提高明度，加入黑色反之。
- 纯度：指色彩的饱和度，达到饱和状态，即达到高纯度。

黑、白、灰三色归为无彩色系，白色明度最高，黑色明度最低，黑白之间为灰色，如图 1-24 所示。

3. 色调

色调是指色彩外观的重要特征和基本倾向。它是由色彩的色相、明度、纯度三要素的综合运用形成的，其中某种因素起主导作用的，就称为某种色调。一般从以下三个方面加以区分。

- 从明度上分明色调（高调）、暗色调（低调）、灰色调（中调），如图 1-25 所示。

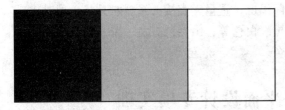

图 1-24　黑、灰、白

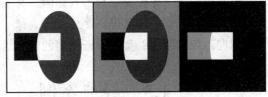

图 1-25　明、暗、灰色调

- 从色相上分红色调、黄色调、绿色调、蓝色调、紫色调，红、黄、蓝色调示例如图 1-26 所示。
- 从纯度上分清色调（纯色加白或加黑）、浊色调（纯色加灰），如图 1-27 所示。

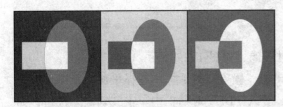

图 1-26　红、黄、蓝色调

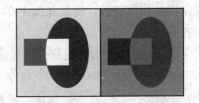

图 1-27　清、浊色调

1.4.2 色彩与心理

色彩本身只因不同波长光线而产生，无所谓情感心理。但人们的性别、年龄、性格、气质、民族、爱好、习惯、文化背景、种族、环境、宗教信仰、审美情趣和心理联想等给色彩披上了感情色彩，并由此引发出色彩的象征及对不同色彩的偏爱与禁忌，故而有了色彩心理学。

1. 色彩的情感联想

色彩是现代设计的情感语言之一。色彩情感不是设计者的主观意识的任意发挥，而是客观意识的正确反应。人类对色彩的联想有着极大的共性，如表 1-1 所示。

表 1-1　色彩的联想

色　彩	具　象　联　想	抽　象　联　想	情　绪　反　应
红色	火焰、太阳、血、红旗	热烈、暖和、吉祥	热情、喜庆、恐怖
橙色	橙子、稻谷、霞光	华丽、积极、暖和	激动、兴奋、愉快
黄色	柠檬、香蕉、皇宫、黄金	明快、活泼、华贵、权力、颓废、浅薄	憧憬、快乐、自豪
绿色	植物、小草、橄榄枝	生命、青春、健康、和平、新鲜	平静、安慰、希望
蓝色	天空、海洋	冷、纯洁、卫生、智慧、幽灵	压抑、冷漠、忧愁
紫色	葡萄、茄子、花	高贵、优雅、神秘、病死	痛苦、不安、恐怖、失望
白色	冰雪、白云、纸	明亮、卫生、朴素、纯洁、神圣、死亡	畅快、忧伤
黑色	夜晚、煤、头发、丧服	阴森、死亡、休息、严肃、阴谋、罪恶	恐怖、烦恼、消极、悲痛
灰色	阴天、水泥	平淡、单调、衰败、毫无生气	消极、枯燥、低落、绝望

2. 色彩的轻重、冷暖

色彩的轻重、冷暖受心理因素影响，与实际温度、重量无直接关系。它只是一种对比感觉而已。暖色有红、橙色等；冷色有蓝、绿、黑、白色等；中性色有黄、紫、灰色等；轻色有高明度的色和白色；重色有低明度的色和黑色。

1.5　经典案例——平面设计专项实训

【例 1.1】　平面矢量图形置入

制作效果：

本案例原始素材是一张没有任何装饰元素的图片，利用 Photoshop "置入"功能为其置入平面矢量图形作为装饰，效果如图 1-28 所示。

制作步骤：

（1）按【Ctrl+O】组合键打开"背景"素材图像，如图 1-29 所示。

（2）选择"文件"→"置入"命令，在弹出的"置入"对话框中选择平面矢量图形（见图 1-30），然后单击"置入"按钮，在弹出的"置入 PDF"对话框中单击"确定"按钮，如图 1-31 所示。

图 1-28　平面矢量图形置入效果图

图 1-29　素材图像

图 1-30　"置入"对话框

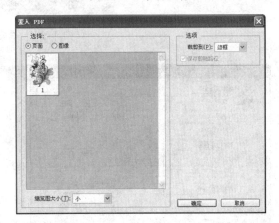

图 1-31　"置入 PDF"对话框

（3）将置放的文件放置在画面的中间位置，如图 1-32 所示，然后双击鼠标确定操作，最终效果如图 1-33 所示。

图 1-32　放置图片

图 1-33　最终效果

【例 1.2】　平面图案设计制作

制作效果：

本案例为绿色系列，主要学习绘制圆和圆环，通过其学习填充、描边命令的运用，制作效果如图 1-34 所示。

制作步骤：

（1）启动 Photoshop CS6 程序，选择"文件"→"新建"命令，在弹出的"新建"对话框中设置"名称"为图案，"宽度"为 500 像素，"高度"为 250 像素，"分辨率"为 72 像素/英寸，"颜色模式"为 RGB 颜色，"背景内容"为白色，如图 1-35 所示。设置完成后单击"确定"按钮，创建一个新文件。

图 1-34　图案设计效果图

图 1-35　新建文件

提　示

根据印刷制版要求，颜色模式应为 CMYK。但因为在 CMYK 颜色模式下，很多滤镜功能不能使用，所以一般在 RGB 模式下编辑图像，制作完成后再将颜色模式转换成 CMYK。

（2）按【Ctrl+R】组合键显示标尺。在窗口中拖动出十字叉形的辅助线，如图 1-36 所示。

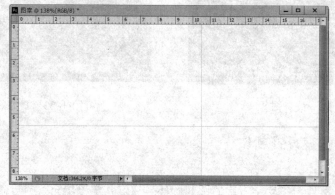

图 1-36　辅助线

（3）单击"图层"调板中的"创建新图层"按钮 ，新建"图层 1"。选择椭圆选框工具 ，按住【Shift+Alt】组合键并拖动鼠标，以十字叉形辅助线的交点为中心点绘制圆形选区，如图 1-37 所示。

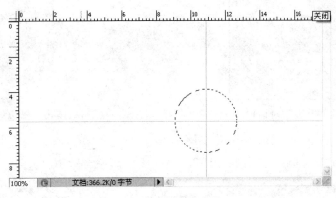

图 1-37　绘制圆形选区

提　示

　　按住【Shift】键，然后使用椭圆选框工具拖动光标，可以创建一个圆形选区，按住【Alt】键，并拖动鼠标可以创建以起点为中心的椭圆选区，按住【Shift+Alt】组合键并拖动，则可以创建一个以起点为中心的圆形选区。

（4）将前景色设置为浅蓝色（#b6d45a），选择油漆桶工具 并单击选区，将其填充为浅蓝色，效果如图 1-38 所示。

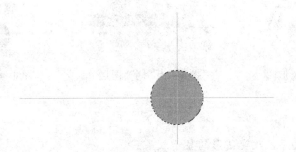

图 1-38　填充浅蓝色效果

（5）用同样方法，在视图中绘制圆形选区，并将前景色设置为草绿色（#7abb45），选择"编辑"→"描边"命令，在弹出的"描边"对话框中设置"宽度"为 8px，如图 1-39 所示，单击"确定"按钮，效果如图 1-40 所示。

（6）用同样方法制作另一个圆环，设置描边颜色为浅草绿色（#89c443），效果如图 1-41 所示。

（7）单击"图层"调板中的"创建新图层"按钮 ，新建"图层 2"。选择椭圆选框工具 ，在视图窗口中绘制圆形选区，并填充颜色为深绿色（#446a31），效果如图 1-42 所示。

图 1-39　"描边"对话框

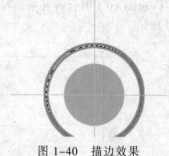

图 1-40　描边效果

图 1-41　描边效果

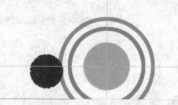

图 1-42　填充效果

（8）用同样方法绘制圆形，如图 1-43 所示，然后将该圆"图层 3"调整到"图层 1"下面，如图 1-44 所示，按【Ctrl+D】组合键，取消选取，效果如图 1-45 所示。

图 1-43　绘制圆形

图 1-44　调整图层

图 1-45　取消选区效果

提　示

通过调整图层次序，改变图形的显示效果。

（9）以同样方法制作其他圆形、圆环，并注意调整其图层关系，效果如图 1-46 所示。

图 1-46　绘制圆形效果图

（10）按【Ctrl+O】组合键打开文字标志，并将其调入图案文件中，调整其大小位置，如图 1-47 所示。

（11）选择"图层"→"图层样式"→"投影"命令，参数设置如图 1-48 所示，单击"确定"按钮，最终效果如图 1-34 所示。

图 1-47　调入图案

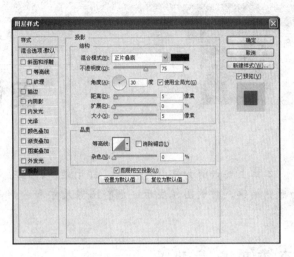

图 1-48　"图层样式"对话框

习　　题

一、简答题

1. 构成学包括哪三大构成？

2. 平面构成的概念元素和视觉元素各有哪些？

3. 列举生活中一些平面构成的常见形式和实例。

4. 色彩的三要素是什么？

5. 你知道的设计色彩的方法有哪些？

二、上机操作

制作如图 1-49 所示的广告效果。

图 1-49　效果图

第 2 章

图像的基础编辑方法

本章主要讲解如何新建文件、打开文件、保存文件、关闭文件、置入与导出文件、恢复和撤销编辑、控制图像显示、调整图像尺寸和分辨率、图像的裁切等内容。

本章重点与难点

◎ 图像基本操作；
◎ 调整图像的尺寸和分辨率；
◎ 图像变换。

2.1　图像处理基本术语

在了解了有关平面设计的基本常识后，为了便于后面内容的学习，下面介绍有关图像处理的基本概念。

2.1.1　矢量图与位图

严格地讲，矢量图应该归属于图形，它是利用各种图像处理软件绘制而成的，如CorelDRAW、Illustrator、FreeHand、AutoCAD 等。由于矢量图形记录的是所绘对象的几何形状、线条粗细和色彩等信息，因此，其所占用的存储空间很小。

矢量图的优点是其清晰度与分辨率无关。在矢量图里，可以将图形进行任意的放大或缩小，而不会影响其清晰度和光滑性，如图 2-1 所示。

矢量图的缺点是不易被制作成色彩层次丰富的图形，因此，绘制出来的图形不是很逼真，同时在不同的软件之间也没有很强的兼容性。

位图是以点阵方式保存图像中各点的色彩信息的，它弥补了矢量图形的缺陷，可以逼真地表现出自然界的景物。由于其具有画面细腻逼真的优点，因此主要用于保存各种照片性质的图像。位图的缺点是其文件所占空间大，且清晰度和分辨率有关，因此，将位图放大到一定程度后，图像会变得模糊，如图 2-2 所示。

图 2-1　矢量图放大后的效果

图 2-2　位图放大后的效果

现在，很多绘图软件都既可以处理矢量图形又可以处理点阵图像，系统将它们看成是独立的对象。就 Photoshop 而言，其主要的优点在于其具有强大的位图图像处理功能，并且用户还可以通过绘制路径的方法来绘制矢量对象，以及对其进行编辑和修改等。

2.1.2　颜色模式

颜色模式是指用于显示和打印图像的颜色类型，它决定了描述和重现图像色彩的方式。常见的颜色类型包括 HSB（色相、饱和度、亮度）、RGB（红色、绿色、蓝色）、CMYK（青色、洋红、黄色、黑色）和 CIE Lab 等，因此，相应的颜色模式也就有 RGB、CMYK 和 Lab 等。此外，Photoshop 还包括用于特别颜色输出的模式，如灰度、索引颜色和双色调等。

1. RGB 颜色模式

我们知道，将红（Red）、绿（Green）和蓝（Blue）3 种基本色光混合，可以得到所有肉眼能够看到的颜色。彩色电视机的显像管以及计算机的显示器，都是以这种方式混合出各种不同的颜色效果的。

Photoshop 将 24 位 RGB 图像看作由 3 个颜色通道组合而成。这 3 个颜色通道分别为：红色通道、绿色通道和蓝色通道，其中每个通道使用 8 位颜色信息，该信息是由从 0 到 255 的亮度值来表示的。这 3 个通道通过组合，可以产生超过 1 670 万种不同的颜色。由于用户可以在不同的通道中对 RGB 图像进行处理，从而增强了图像的可编辑性。

2．CMYK 颜色模式

CMYK 颜色模式是一种印刷模式，其中的 4 个字母分别是指青（Cyan）、洋红（Magenta）、黄（Yellow）和黑（Black）。该颜色模式对应的是印刷用的 4 种油墨颜色，但将 C、M、Y 这 3 种颜色等量混合在一起，不能产生纯黑色。为了使印刷品具有纯黑色，便将黑色并入了印刷色中，这样还可以减少其他油墨的使用量。

CMYK 模式在本质上与 RGB 颜色模式没有什么区别，只是产生色彩的原理不同。RGB 产生颜色的方法称为加色法，而 CMYK 产生颜色的方法称为减色法。

在处理图像时，我们一般不采用 CMYK 模式，因为这种模式的图像文件占用的存储空间较大。此外，在这种模式下 Photoshop 提供的很多滤镜都不能使用，因此人们只有在正式印刷前才将图像颜色模式转换为 CMYK 模式。

3．Lab 颜色模式

Lab 颜色模式是以一个亮度分量 L（Lightness）以及两个颜色分量 a 与 b 来表示颜色的。其中，L 的取值范围为 0～100，a 分量（绿色到红色）和 b 分量（蓝色到黄色）在拾色器中的范围为 –128～127，而在"颜色"调板中的范围为 –120～120。

Lab 颜色模式是 Photoshop 内部的颜色模式，由于该模式是目前所有模式中包含色彩范围（称为色域）最广的颜色模式，能毫无偏差地在不同系统和平台之间进行交换，因此，该模式是 Photoshop 在不同颜色模式之间转换时使用的中间颜色模式。

4．多通道模式

将图像转换为多通道模式后，系统将根据源图像产生相同数目的新通道，但该模式下的每个通道都为 256 级灰度通道（其组合仍为彩色）。这种显示模式通常被用于处理特殊打印，例如，将某一灰度图像以特别颜色打印。

如果用户删除了 RGB 颜色、CMYK 颜色或 Lab 颜色模式中的某个通道，该图像会自动转换为多通道模式。

5．索引颜色模式

索引颜色模式又称作图像映射色彩模式，这种模式的像素只有 8 位，即图像只有 256 种颜色。

该模式在印刷中很少使用。由于这种模式可极大地减小图像文件的存储空间（大约占 RGB 模式的 1/3），因此，这种颜色模式的图像多用于作为网页图像与多媒体图像。

6．灰度模式

灰度模式的图像中只有灰度信息而没有彩色。Photoshop 将灰度图像看成只有一种颜色通道的数字图像。

7．双色调模式

通常情况下，彩色印刷品都是以 CMYK 颜色模式来印刷的，但也有些印刷物（如名片）往往只需要用两种油墨颜色就可以表现出图像的层次感和质感。因此，如果并不需要全彩色的印刷质量，可以考虑采用双色调模式印刷以降低成本。

双色调模式与灰度模式相似，是由灰度模式发展而来的。但要注意，在双色调模式中颜色只是用来表示"色调"而已，因此，在这种模式下彩色油墨只是用来创建灰度级的，而不是用来创建彩色的。

当油墨颜色不同时，其创建的灰度级也是不同的。通常选择颜色时，都会保留原有的灰色部分作为主色，其他加入的颜色作为辅色，这样才能表现出较丰富的层次感和质感。

> **提 示**
>
> 要将图像转换为双色调模式，必须先将图像转换为灰度模式，然后再由灰度模式转换为双色调模式。

8. 线画稿或位图模式

要将文字或漫画等扫描进计算机，一般可以将其设置成线画稿形式。这种形式通常也被称为"黑白艺术""位图艺术"或"一位元艺术"。

线画稿适合于那些只由黑白两色构成，而且没有灰色阴影的图像。按这种方式扫描图像的速度快，并且产生的图像文件小、易于操作，但它所获取的源图像信息很有限。

> **提 示**
>
> 要将图像转换为位图模式，必须先将图像转换为灰度模式，然后再由灰度模式转换为位图模式。

在 Photoshop 中，推荐使用 RGB 颜色模式，因为只有在这种模式下，用户才能使用该软件提供的所有命令与滤镜。因此，用户在进行图像处理时，如果图像的颜色模式不是 RGB 模式，可先选择"图像"→"模式"→"RGB 颜色"命令，将其颜色模式转换为 RGB 模式，然后再进行处理，图像处理结束后再根据需要，将其转换为相关模式。例如，要将图像文件用于彩色印刷，则应在处理结束后将其颜色模式转换为 CMYK 模式。

颜色模式除了用于确定图像中显示的颜色数量外，还影响通道数量和图像的文件大小。例如，一个灰度模式的图像要比 RGB 彩色模式的图像尺寸小得多，并且灰度模式的图像只包含一个通道，而 RGB 彩色模式的图像包含 3 个通道。

此外，选用何种颜色模式还与该图像文件所使用的存储格式有关。例如，用户无法将使用 CMYK 颜色模式的图像以 BMP、GIF 等格式保存。

2.1.3 色域和溢色

色域是指颜色系统可以显示或打印的颜色范围。人眼看到的色谱比任何颜色模式中的色域都宽。在 Photoshop 使用的各种颜色模式中，Lab 具有最宽的色域，它包括了 RGB 和 CMYK 色域中的所有颜色，如图 2-3 所示。

通常情况下，可在计算机显示器或电视机屏幕（它们发出红、绿和蓝光）上显示的颜色，均包含在 RGB 色域里。但是，有一些颜色（如纯青或纯黄）则无法在显示器上精确显示。

CMYK 色域较窄，仅包含使用印刷油墨能够印刷的颜

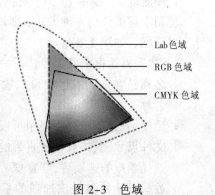

图 2-3 色域

色。当不能印刷的颜色显示在屏幕上时，称其为溢色，即超出 CMYK 色域之外。在 Photoshop 中，当用户选取的颜色超过选定的 CMYK 色域时，系统将会给出一个警告性标记 ，单击该标记，系统将自动选取一种与该颜色最为相近的颜色作为显示色。

2.2 图像基本操作

图像文件的基本操作包括文件的新建、打开、保存、关闭、置入、导出、恢复、撤销和编辑等，下面将对这些操作进行详细的介绍。

2.2.1 新建图像文件

在 Photoshop CS6 的工作界面（见图 2-4）中，系统提供了一个工具箱和多个调板。在选中某个工具后，可以利用工具属性栏快速设置该工具的属性。

图 2-4 Photoshop CS6 的工作界面

如果要在工作界面中进行图像编辑，需先新建一个文件。新建文件的方法有以下三种：
- 命令：选择"文件"→"新建"命令。
- 快捷键 1：按【Ctrl + N】组合键。
- 快捷键 2：按住【Ctrl】键的同时，在工作区的灰色空白区域处双击。

使用上述的任何一种方法，都将会弹出"新建"对话框，如图 2-5 所示。

"新建"对话框中各主要选项的含义如下：
- 名称：在该文本框中可以输入新文件的名称。
- 预设：在该下拉列表框中可以选择预设的文件尺寸，其中有系统自带的 10 种设置。选择相应的选项后，"宽度"和"高度"数值框中将显示该选项的系统默认宽度

图 2-5 "新建"对话框

与高度的数值；如果选择"自定义"选项，则可以直接在"宽度"和"高度"数值框中输入所需要的文件尺寸。

- 分辨率：该数值是一个非常重要的参数，在文件的高度和宽度不变的情况下，分辨率越高，图像越清晰。
- 颜色模式：在该下拉列表框中可以选择新建文件的颜色模式，通常选择"RGB 颜色"选项；如果创建的图像文件用于印刷，可以选择"CMYK 颜色"选项。

提　示

如果创建的图像文件用于印刷，设置的数值最好不小于 300 像素/英寸；如果新建文件仅用于屏幕浏览或网页设置，设置的数值一般为 72 像素/英寸。

- 背景内容：该下拉列表框用于设置新建文件的背景，选择"白色"或"背景色"选项时，创建的文件是带有颜色的背景图层，如图 2-6 所示；如果选择"透明"选项，则文件呈透明状态，并且没有背景图层，只有一个"图层 1"，如图 2-7 所示。

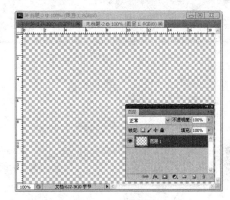

图 2-6　有颜色的背景图层　　　　　图 2-7　透明图层

- 存储预设：单击该按钮，可以将当前设置的参数保存为预设选项，在下次新建文件时，可以从"预设"下拉列表框中直接调用，此方法特别适用于将常用的文件尺寸保存下来，以便在日后的工作中调用。

2.2.2　打开与关闭图像文件

1．打开文件

用户可以直接使用菜单命令打开图像文件，选择"文件"→"打开"命令，将弹出"打开"对话框，如图 2-8 所示。

该对话框中各主要选项的含义如下：

- 查找范围：在该下拉列表框中可以选择欲打开文件的路径，如图 2-9 所示。
- 按钮组：这些按钮位于"查找范围"下拉列表框右侧，单击"向上一级"按钮，可向上返回一级；单击"向上一级"按钮后，按钮呈可用状态，单击按钮可转到已访问的上一个文件夹；单击"创建文件夹"按钮，可在下方的文件列表框中新增一个文件夹；单击"查看"按钮，弹出图 2-10 所示的下拉菜单，在其中可以选择文件的查看方式，如选择"详细信息"命令，文件列表框的文件就会以详细信息的形式显示，如图 2-11 所示。

图 2-8 "打开"对话框　　　　　　　　　　图 2-9 查找范围

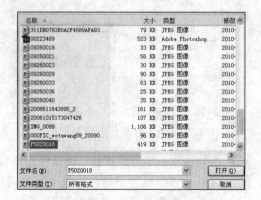

图 2-10 "查看"菜单　　　　　　　　　图 2-11 显示文件的详细信息

- 文件名：在文件列表框中选择需要打开的文件，则该文件的名称就会自动显示在"文件名"下拉列表框中，如图 2-12 所示。单击"打开"按钮，或双击该文件，或按【Enter】键，即可打开所选的文件，如图 2-13 所示。

如果要同时打开多个文件，可以按住【Shift】或【Ctrl】键不放，用鼠标在"打开"对话框中选择要打开的文件，然后单击"打开"按钮即可。

- 文件类型：在该下拉列表框中选择所要打开文件的格式。如果选择"所有格式"选项，则会显示该文件夹中的所有文件，如果只选择任意一种格式，则只会显示以此格式存储的文件，例如：选择 Photoshop（*.PSD；*.PDD）格式，则文件窗口中只会显示以 Photoshop 格式存储的文件。

另外，选择"文件"→"最近打开文件"命令，在弹出的级联菜单中可显示最近打开或编辑的 10 个文件，如图 2-14 所示。单击文件名称，即可打开该文件。

图 2-12　选择文件　　　　　　　　　　图 2-13　打开的图像

图 2-14　最近打开的文件

除了使用上述方法，用户还可以使用以下三种方法打开图像文件：

- 选择"文件"→"浏览"命令。
- 选择"文件"→"打开为"命令。
- 选择"文件"→"打开智能对象"命令。

2．关闭文件

当编辑和处理完图像并对其进行保存后，就可以关闭图像窗口，可以通过选择"文件"→"关闭"命令、按【Ctrl+W】组合键、按【Ctrl+F4】组合键或单击图像窗口右上角的按钮 等方法来关闭图像文件。

提 示

- 要一次打开多个图像文件，可配合使用【Ctrl】键或【Shift】键来实现。
- 要打开一组连续的文件，只需在单击要选定的第一个文件后，按住【Shift】键单击最后一个要打开的图像文件，并单击"打开"按钮即可。
- 要打开一组不连续的文件，只需在单击要选定的第一个图像文件后，按住【Ctrl】键单击其他图像文件，并单击"打开"按钮即可。

2.2.3 保存图像文件

在实际工作中，新建或更改后的图像文件需要进行保存，便于以后使用，也避免了因停电和死机带来的麻烦。下面将分别介绍保存图像文件的操作方法。

1. 使用菜单命令

使用菜单命令保存图像文件有以下两种方法：

- 选择"文件"→"存储"命令。
- 选择"文件"→"存储为"命令。

2. 使用快捷键

使用快捷键保存图像文件有以下三种方法：

- 按【Ctrl + S】组合键。
- 按【Ctrl + Alt + S】组合键。
- 按【Shift + Ctrl + S】组合键。

若当前的文件是第一次进行保存操作，使用上述操作中的任何一种方法，都会弹出"存储为"对话框，如图 2-15 所示。

该对话框中各主要选项的含义如下：

- 作为副本：选中该复选框，可保存副本文件作为备份。以副本方式保存图像文件后，仍可继续编辑原文件。

图 2-15 "存储为"对话框

- 图层：选中该复选框，图像中的图层将分层保存；取消选中该复选框，在复选框的底部会显示警告信息，并将所有的图层进行合并保存。
- 使用校样设置：用于决定是否使用检测 CMYK 图像溢色功能。该复选框仅在选择 PDF 格式的文件时才生效。
- ICC 配置文件：选中该复选框，可保存 ICC Profile（ICC 概貌）信息，使图像在不同显示器中所显示的色相一致。该设置仅对 PSD、PDF、JPEG、AI 等格式的图像文件有效。

2.2.4 撤销和恢复操作

使用中文版 Photoshop CS6 处理图像时，可以对所有的操作进行撤销和恢复操作。熟练地运用撤销和恢复功能将会给工作带来极大的方便。

1. 运用菜单命令

"编辑"菜单中的前三个命令用于操作步骤的撤销和恢复。

如果要撤销最近一步的图像处理操作，则可执行"编辑"菜单中的第一个命令，此时该命令的内容为"还原+操作名称"。当执行"还原+操作名称"操作之后，该命令就会变为"重做+操作名称"，单击此命令又可以还原被撤销的操作。

选择"编辑"→"后退一步"命令，或者按【Alt + Ctrl + Z】组合键，则可逐步撤销所做的多步操作；而选择"前进一步"命令，或者按【Shift + Ctrl + Z】组合键，则可逐步恢复已撤销的操作，如图 2-16 所示。

编辑 (E)	还原 (O)	Ctrl+Z
	前进一步 (W)	Shift+Ctrl+Z
	后退一步 (K)	Alt+Ctrl+Z
	渐隐 (D)...	Shift+Ctrl+F
	剪切 (T)	Ctrl+X
	拷贝 (C)	Ctrl+C
	合并拷贝 (Y)	Shift+Ctrl+C
	粘贴 (P)	Ctrl+V
	贴入 (I)	Shift+Ctrl+V
	清除 (E)	

图 2-16 编辑菜单

2. 运用"历史记录"调板

"历史记录"调板主要用于撤销操作。在当前工作期间可以跳转到所创建图像的任何一个最近状态。每一次对图像进行编辑时，图像的新状态都会添加到该调板中。例如，用户对图像局部进行了选择、绘画和旋转等操作，那么这些状态的每一个操作步骤都会单独地列在"历史记录"调板中，当选择其中的某个状态时，图像将恢复为应用该更改前的状态，此时用户可以以该状态开始工作。

"历史记录"调板主要由快照区、操作步骤区、历史记录画笔区及若干个按钮组成，如图 2-17 所示。

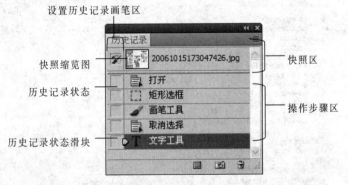

图 2-17 "历史记录"调板

单击该调板底部的"从当前状态创建新文档"按钮 ，可以将当前操作的图像文件复制为一个新文件，新建文档的名称以当前步骤的名称来命名，如图 2-18 所示。

单击该调板底部的"创建新快照"按钮 ，会为当前步骤建立一个新的快照图像。快照就是被保存的状态。用户可以将关键步骤创建为快照，拖动历史记录状态滑块 ，或者在快照上单击，可在多个快照之间相互切换，以观察不同操作方法得到的效果。

　　要删除历史状态，可将其选中，然后单击"历史记录"调板底部的"删除当前状态"按钮 ，弹出一个提示信息框，如图 2-19 所示。单击"是"按钮，即可删除当前选择的状态。

图 2-18　创建新文档

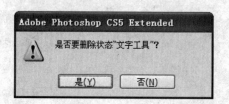

图 2-19　提示信息框

提示

　　在默认情况下，"历史记录"调板中只记录 20 步操作，当操作超过 20 步之后，在此之前的状态会被自动删除，以便释放出更多的内存空间。要想在"历史记录"调板中记录更多的操作步骤，可选择"编辑"→"首选项"→"常规"命令，在弹出的"首选项"对话框（见图 2-20）中对"历史记录"选项组中的选项进行设置即可。

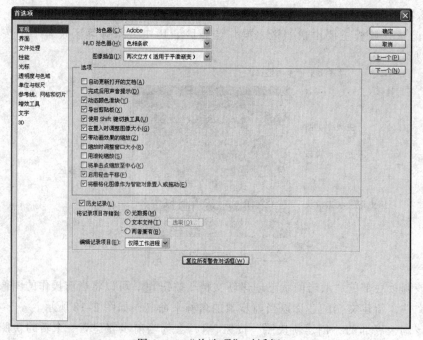

图 2-20　"首选项"对话框

2.3　调整图像分辨率、尺寸和画布

图像尺寸和分辨率是保证图像质量的重要因素。下面将介绍调整图像的大小与分辨率及旋转与翻转画布的相关知识。

2.3.1　调整图像分辨率

在使用 Photoshop CS6 编辑图像时，可根据需要调整图像的尺寸和分辨率，其操作方法有如下两种：

- 命令：选择"图像"→"图像大小"命令。
- 快捷键：按【Ctrl + Alt + I】组合键。

调整图像尺寸和分辨率的具体操作步骤如下：

（1）选择"文件"→"打开"命令，打开一幅素材图像，如图 2-21 所示。

（2）选择"图像"→"图像大小"命令，弹出"图像大小"对话框，如图 2-22 所示。

图 2-21　素材图像

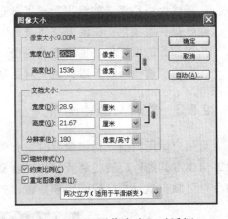

图 2-22　"图像大小"对话框

该对话框中主要选项的含义如下：

- 像素大小：该选项组中显示的是当前图像的宽度和高度，决定了图像的尺寸。
- 文档大小：通过改变该选项组中的"宽度"和"高度"值，可以调整图像在屏幕上的显示大小，同时图像的尺寸也相应发生了变化。
- 约束比例：选中该复选框后，"宽度"和"高度"选项后面将出现"锁链"图标，表示改变其中某一选项设置时，另一选项会按比例同时发生变化。

（3）单击"自动"按钮，弹出"自动分辨率"对话框，在该对话框中可以选择一种自动打印分辨率的样式，如图 2-23 所示。

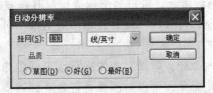

图 2-23　"自动分辨率"对话框

（4）单击"确定"按钮，返回到"图像大小"对话框，在"文档大小"选项组中设置"宽度"值为 12.5 厘米、"高度"值为 8.87 厘米，单击"确定"按钮，即可将图像调整为希望的大小。

2.3.2 调整画布大小

如果用户需要的不是改变图像的显示或打印尺寸，而是对图像进行裁剪或增加空白区，此时，可通过"画布大小"对话框来进行调整。

调整画布大小有以下两种方法：

- 命令：选择"图像"→"画布大小"命令。
- 快捷键：按【Alt + Ctrl + C】组合键。

执行以上的任意一种方法，均可弹出"画布大小"对话框，如图 2-24 所示。

该对话框中各主要选项的含义如下：

- 当前大小：该选项组显示当前图像的大小。
- 新建大小：该选项组用于设置画布的宽度和高度。

图 2-24　"画布大小"对话框

- 画布扩展颜色：在该下拉列表框中可以选择背景层扩展部分的填充色，也可直接单击"画布扩展颜色"下拉列表框右侧的色彩方块，在弹出的"选择画布扩展颜色"对话框中设置填充的颜色。

2.3.3 旋转与翻转画布

当用户使用扫描仪扫描图像时，有时候得到的图像效果并不理想，常伴有轻微的倾斜现象，需要对其进行旋转与翻转操作以修复图像。选择"图像"→"旋转画布"级联菜单中的命令可对画布进行相应的旋转和翻转，如图 2-25 所示。

图 2-25　"旋转画布"级联菜单

"旋转画布"级联菜单中各命令的含义如下：

- 180 度：使用该命令，可以对图像进行 180° 的旋转操作。
- 90 度（顺时针）：使用该命令，可以对图像进行顺时针方向旋转 90° 的操作。
- 90 度（逆时针）：使用该命令，可以对图像进行逆时针方向旋转 90° 的操作。
- 任意角度：使用该命令，可弹出"旋转画布"对话框，可在该对话框的"角度"数值框中自定义旋转角度。
- 水平翻转画布：使用该命令，可以对图像进行水平翻转操作。
- 垂直翻转画布：使用该命令，可以对图像进行垂直翻转操作。

使用以上部分命令，对图像进行旋转操作后的效果如图 2-26 所示。

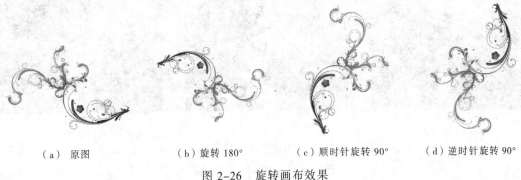

（a）原图　　　　　　（b）旋转 180°　　　　（c）顺时针旋转 90°　　　（d）逆时针旋转 90°

图 2-26　旋转画布效果

2.4　图像变换

变换操作可以将缩放、旋转、斜切、扭曲、透视、变形和翻转应用到选区、图层和矢量图形。图像选区变换与选取范围线的变换操作方法基本相同，只不过变换的对象不同。

2.4.1　自由变换

选择"编辑"→"自由变换"命令，拖移变换边框手柄，或在工具属性栏中直接输入数值，可以直接实现缩放、旋转、斜切、扭曲、透视等不同的变换效果。工具属性栏如图 2-27 所示。

图 2-27　自由变换工具属性栏

> **提　示**
>
> 按【Ctrl+T】组合键可直接进入自由变换状态。

在选择的对象上出现周围 8 个手柄和一个中心参考点的控制框，中心点的位置影响变形操作基准点，可通过拖移更改其位置。

图 2-28 所示为图像基本变换效果。

（a）原图　　　　　　　（b）缩放　　　　　　　（c）旋转

图 2-28　图像基本变换

（d）斜切　　　　　　　　　（e）扭曲　　　　　　　　　（f）透视

图 2-28　图像基本变换（续）

2.4.2　变形

变形可以转换图层到多种预设形状，或者使用自定义选项拖拉图像。变形选项与文字工具预设差不多相同——扇形、拱形、凸形、贝壳、旗帜、鱼形、波浪、增加、鱼眼、膨胀、挤压和扭转。

打开一幅素材图像，选择"编辑"→"变换"→"变形"命令，如图 2-29 所示在图像上出现网格调整线。

调整变换边框手柄，效果如图 2-30 所示。

图 2-29　打开变形　　　　　　　　　　图 2-30　调整边框手柄

2.5　图 像 裁 切

用户可以通过设置画布大小来裁切图像，但这种方式并不直观，下面将介绍三种更为实用的裁切图像的方法。

2.5.1　运用裁剪工具裁剪图像

在进行图像处理的过程中，有时需要将倾斜的图像修剪整齐，或将图像边缘多余的部分裁去，这些操作均可使用裁剪工具来完成，下面将介绍裁剪工具的使用方法。

选取工具箱中的裁剪工具，其属性栏如图 2-31 所示。

| 宽度： | 高度： | 分辨率： | 像素/英寸 | 前面的图像 | 清除 | 工作区 ▼ |

图 2-31　裁剪工具属性栏

该工具属性栏中各主要选项的含义如下：

- 宽度/高度：在"宽度"和"高度"数值框中输入所需的数值，可对图像进行精确裁切。
- 分辨率：在其数值框中可输入裁剪后的图像分辨率。
- 前面的图像：单击该按钮可查看图像裁剪前的大小和分辨率。
- 清除：单击该按钮，可清除工具属性栏中所有数值框内的数值，即还原为默认值。

2.5.2 裁剪工具运用方法

要想使用裁剪工具 [图] 裁切图像，首先应选择该工具，然后按住鼠标左键的同时，在图像中拖动鼠标，最后释放鼠标即可选定裁切区域，如图 2-32 所示。

双击或按【Enter】键，即可裁去控制框以外的图像，如图 2-33 所示。

> **提示**
>
> - 若在选定裁切区域的同时按住【Shift】键，那么所选择的区域即为正方形裁切区域。
> - 若在选定裁切区域的同时按住【Alt】键，则选取以起始点为中心的裁切区域。
> - 若在选定裁切区域的同时按住【Alt+Shift】组合键，则选取以起始点为中心的正方形裁切区域。

图 2-32　使用裁剪工具选定裁切区域

图 2-33　裁切效果

2.6　经典案例——图像变换专项实训

图像变换命令通常用来对物体进行大小调整、角度变换以及变形等处理。

【例 2.1】　立体包装制作

制作效果：

本案例通过自由变换、透视变换调整，制作包装立体效果，如图 2-34 所示。

图 2-34　阴影效果

制作步骤：

（1）单击"文件"→"打开"命令，打开包装文件，如图 2-35 所示。

（2）单击"编辑"→"自由变换"命令，对图像进行自由变形，如图 2-36 所示。

图 2-35　打开包装

图 2-36　自由变换

（3）单击"编辑"→"变换"→"透视"命令，对图像进行透视变形，如图 2-37 所示。

（4）按【Enter】键确认变形操作，在"图层"调板中选中"图层 2"，然后将其拖动到"创建新图层"按钮 上，复制包装侧面层，如图 2-38 所示。

图 2-37　透视变形

图 2-38　复制侧面

（5）选定复制图层，单击"编辑"→"变换"→"垂直翻转"命令，将其垂直翻转并移动至包装侧下方，然后单击"编辑"→"变换"→"透视"命令，对图像进行透视变形，如图 2-39 所示。

（6）按【Enter】键确认变形操作，单击"图层"调板底部的"添加图层蒙版"按钮，对其添加图层蒙版，选择渐变工具，用黑白线性渐变从下向上绘制渐变（见图 2-40），得到的效果如图 2-41 所示。

图 2-39　透视变形　　　　图 2-40　添加图层蒙版　　　　图 2-41　渐变

（7）将侧面图层 2 设置为当前图层，然后单击"图层"调板底部的"添加图层样式"按钮，并在弹出的下拉菜单中选择"投影"选项，在打开的"图层样式"对话框中，设置如图 2-39 所示的参数，得到侧面的阴影效果如图 2-42 所示。

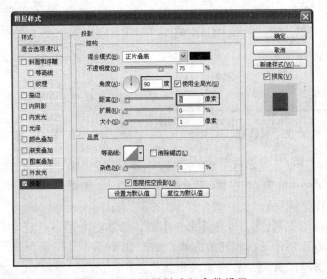

图 2-42　"图层样式"参数设置

【例 2.2】　立体图案制作

制作效果：

本案例首先制作黑白相间方块，然后填充图案，最后通过变换调整，制作效果如图 2-43 所示。

图 2-43　立体图案效果

制作步骤：

（1）启动 Photoshop CS6 程序，选择"文件"→"新建"命令，在弹出的"新建"对话框中设置"名称"为"变形图案"，"宽度"为 360 像素，"高度"为 360 像素，"分辨率"为 72 像素/英寸，"颜色模式"为"RGB 颜色"，"背景内容"为"透明"，如图 2-44 所示。设置完成后单击"确定"按钮，创建一个新文件。

（2）选择"视图"→"显示"→"网格"命令，显示网格效果如图 2-45 所示。

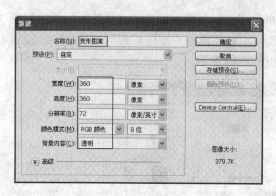

图 2-44　"新建"对话框

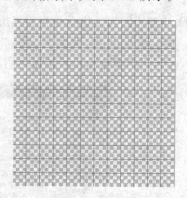

图 2-45　显示网格

（3）选择"编辑"→"首选项"→"参考线、网格和切片"命令，弹出"首选项"对话框，设置"网格线间隔"值为 60 像素，"子网格"值为 2，如图 2-46 所示，然后单击"确定"按钮，网格效果如图 2-47 所示。

（4）选择矩形选框工具，按住【Shift】键，绘制正方形，然后填充黑色，如图 2-48 所示，然后按同样方法制作黑白相间的方块，如图 2-49 所示。

（5）选择矩形选框工具，框选黑白相间的方块，选择"视图"→"编辑"→"定义图案"命令，如图 2-50 所示。

（6）按【Ctrl+D】组合键，取消选取，选择"编辑"→"填充"命令，在弹出的"填充"对话框中设置"使用"为"图案"，在"自定图案"中选择上步定义的图案，如图 2-51 所示。单击"确定"按钮，效果如图 2-52 所示。

（7）选择"编辑"→"变换"→"透视"命令，对图像进行透视变形，如图 2-53 所示。

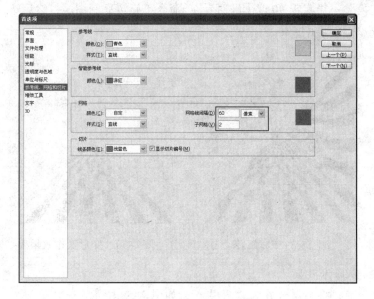

图 2-46　"首选项"对话框

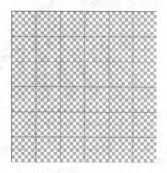

图 2-47　显示网格

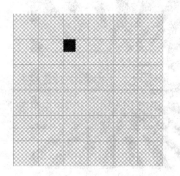

图 2-48　填充黑色

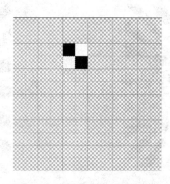

图 2-49　制作黑白相间方块

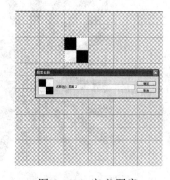

图 2-50　定义图案

图 2-51　"填充"对话框

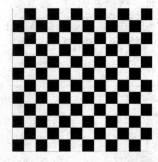

图 2-52　填充图案效果

图 2-53　"透视"效果

（8）按【Enter】键确认变形操作，然后按住【Ctrl+T】组合键，将顶点调整到图层的中间，如图 2-54 所示。

（9）按【Enter】键确认变形操作，在"图层"调板中选中"图层 1"，然后将其拖动到"创建新图层"按钮 上，复制图层，如图 2-55 所示。

（10）选择"编辑"→"变换"→"旋转90度（顺时针）"命令，旋转复制图层，然后选择移动工具 ，将其移动至图 2-56 所示位置。

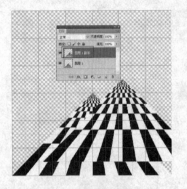
图 2-54　复制图层

图 2-55　旋转

图 2-56　变形操作效果

（11）用同样方法制作图 2-57 所示效果。

（12）多次按【Ctrl+E】组合键，将图层合并为"图层 1"，如图 2-58 所示。

图 2-57　复制旋转图层

图 2-58　合并图层

（13）单击"图层"调板中的"创建新图层"按钮 ，新建"图层 2"。设置前景色为黄色（#ffff00）、背景色为深黄色（#ff6d00），然后选择渐变工具 ，在其工具属性栏中单击"点按可编辑渐变"按钮右侧的下三角按钮，在打开的"渐变样式"下拉列表框中选择"前景色到背景色渐变"选项，再单击其属性栏中的"径向渐变"按钮 ，如图 2-59 所示。

图 2-59　渐变编辑

（14）设置好渐变属性后，将鼠标指针移至图像窗口的中央，按住鼠标左键并向外围拖动鼠标，绘制出如图 2-60 所示的渐变颜色。

（15）单击"图层"调板，设置"图层 2"的混合模式为"变亮"，如图 2-61 所示。

（16）最终效果如图 2-62 所示。

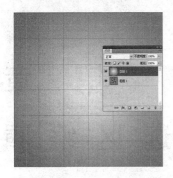

图 2-60　渐变填充

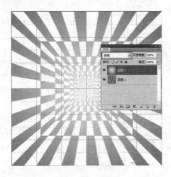

图 2-61　设置图层混合模式

图 2-62　最终效果

习　　题

一、简答题

1. 打开图像文件有哪几种方法？

2. 改变图像的显示有哪几种方法？

二、上机操作

制作图 2-63 所示的立体文字。

图 2-63　立体文字

第 3 章

选 区 编 辑

使用 Photoshop 处理图像时，选取范围是一项比较重要的工作。选取范围的优劣、准确与否，都与图像编辑的成败有着密切的关系。因此，进行有效的、精确的范围选取能够提高工作效率和图像质量，帮助用户创作出生动活泼的美术作品。

本章重点与难点
- ◎ 选区创建方法；
- ◎ 选择区域修改。

3.1 选区创建方法

在 Photoshop CS6 中，可以利用多种方法来创建选区。下面将分别对其进行详细介绍。

3.1.1 选区的创建、羽化、消除锯齿、调整边缘和运算

Photoshop 为用户提供了多种创建选区的方法：
- 使用矩形选框工具▥和椭圆选框工具◯创建规则选区。
- 使用单行选框工具▭和单列选框工具▯选择单行或单列像素。
- 使用套索工具◯、多边形套索工具◱和磁性套索工具◲创建不规则选区。
- 使用魔棒工具◸和快速选择工具◹自动选择颜色相近的区域。
- 使用横排文字蒙版工具▥和直排文字蒙版工具▥创建文字形状的选区。
- 使用"色彩范围"命令按颜色创建选区。
- 使用快速蒙版模式创建选区。

通常情况下，在 Photoshop 中进行图像编辑时，各种编辑操作只对当前选区内的图像区域有效。例如，在处理一幅照片时，若希望人物面部显得明亮一些，或只对该部位进行仔细

修饰而其他部位保持不变，则需要先将该部位创建成选区，然后再按要求进行处理。

选定区域后，用户可增减、缩放、旋转和移动选区，为选区增加羽化效果或对其进行自由变形，还可以保存选区。

在定义选区时设置羽化参数，可在处理该区域时获得柔和的效果。设置羽化参数的具体操作步骤如下：

（1）选择"文件"→"新建"命令，创建一个空白文件。

（2）选择矩形选框工具 ，在其工具属性栏中设置"羽化"值为 20px，如图 3-1 所示。

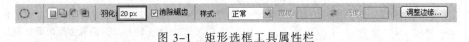

图 3-1　矩形选框工具属性栏

（3）按住【Shift】键的同时拖动鼠标，创建一个图形选区，如图 3-2 所示。设置前景色为黑色，在工具箱中选择油漆桶工具 ，并在选区内单击，以前景色填充选区，然后按【Ctrl+D】组合键取消选中，效果如图 3-3 所示。

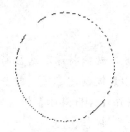

图 3-2　建立一个圆形选区　　　　　图 3-3　羽化并填充选区

"消除锯齿"复选框只在选择椭圆选框工具 时才可用。选中该复选框，可以在创建选区时，在其边界的锯齿之间填入介于边缘和背景之间的中间色调的色彩，从而使选区的边缘变得较为平滑，其效果如图 3-4 所示（均未设置羽化参数）。

选中"消除锯齿"复选框　　　　　　　　取消选中"消除锯齿"复选框

图 3-4　锯齿消除功能

创建选区后，工具属性栏中的"调整边缘"按钮 被激活，单击该按钮，可以打开"调整边缘"对话框，如图 3-5 所示。利用该对话框可以控制选区边缘的羽化大小、对比度、平滑度以及选区的大小等参数。另外，还可以利用该对话框中的 5 种模式来浏览选区中图像的效果。

Photoshop CS6 的选框工具属性栏中有 4 个选区运算按钮 ，从左至右依次为"新选区""添加到选区""从选区减去"及"与选区交叉"按钮。

用于改善包含柔化过渡或细节区域中的边缘

可以消除选区边缘的锯齿现象

创建选区后，利用"羽化"选项可以设置选区羽化效果

预览模式

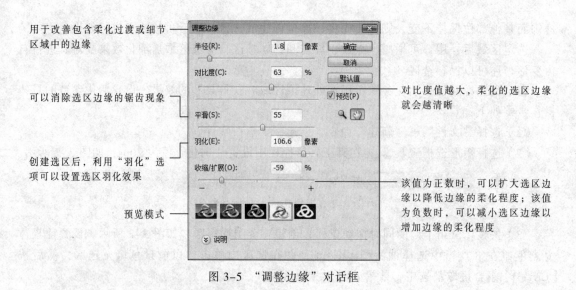

对比度值越大，柔化的选区边缘就会越清晰

该值为正数时，可以扩大选区边缘以降低边缘的柔化程度；该值为负数时，可以减小选区边缘以增加边缘的柔化程度

图 3-5 "调整边缘"对话框

提 示

如果已经定义了选区，那么按住【Shift】键创建选区，就会将原有选区与定义的新选区相加（相当于单击"添加到选区"按钮 ）；按住【Alt】键创建选区，就会从原有选区中减去新选区（相当于单击"从选区减去"按钮 ）；按住【Alt+Shift】组合键创建选区，就会对原有选区与新选区求交（相当于单击"与选区交叉"按钮 ）。

3.1.2 制作规则选区的方法

在利用矩形选框工具 和椭圆选框工具 定义选区时，除了使用拖动鼠标的方法外，还可利用其属性栏中"样式"下拉列表框中的相应选项进行定义，如图 3-6 所示。

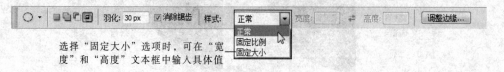

选择"固定大小"选项时，可在"宽度"和"高度"文本框中输入具体值

图 3-6 椭圆选框工具属性栏

提 示

使用矩形选框工具 或椭圆选框工具 定义选区的同时，若按住【Shift】键，可以定义正方形选区或圆形选区；若按住【Alt】键，则可以定义一个以起点为中心的矩形或椭圆形选区；若按住【Alt+Shift】组合键，则可以定义一个以起点为中心的正方形或圆形选区。

图 3-7 所示为利用矩形选框工具创建选区；图 3-8 所示为利用椭圆选框工具辅助制作光盘封面。

图 3-7　使用矩形选框工具创建选区

图 3-8　使用椭圆选框工具制作光盘封面

下面将举例对椭圆选框工具加以说明：

（1）按【Ctrl+O】组合键，打开素材图像，如图 3-9 所示。

（2）选择"视图"→"标尺"命令，显示标尺，选择移动工具 ，调整辅助线如图 3-10 所示。

（3）选择椭圆选框工具 ，按住【Shift+Alt】组合键并拖动鼠标，以上一步十字叉形的辅助线的交点为中心点绘制圆形选区，并填充白色，效果如图 3-11 所示。

图 3-9　素材图

图 3-10　调整辅助线

图 3-11　绘制圆形

（4）用同样方法，在视图中绘制圆形选区，然后选择"选择"→"反选"命令，反选选区，并填充白色，效果如图 3-12 所示。

此外，利用单行选框工具 和单列选框工具 ，可以创建 1 像素宽的横线或竖线选区。这两个工具主要用于制作一些线条，使用这两个工具时必须将羽化参数设置为 0。

3.1.3　制作不规则选区的方法

图 3-12　最终效果

Photoshop CS6 中的套索工具 、多边形套索工具 、磁性套索工具 和魔棒工具 、色彩范围等，都可以用来创建不规则选区。下面介绍这些工具的使用方法。

1．使用套索工具创建不规则选区

利用该软件所提供的三个套索工具，可以非常方便地创建不规则选区。下面对这三个工具进行详细介绍。

1）套索工具

使用套索工具☑可创建任意形状的选区。其具体使用方法如下：

打开素材文件，在工具箱中选择套索工具☑，按住鼠标左键，然后在图像中沿图像的轮廓拖动鼠标，当到达起始点时释放鼠标，即可创建任意形状的选区，如图 3-13 所示。

图 3-13　创建任意形状的选区

提　示

如果在释放鼠标前按【Esc】键，可取消当前的选区。

2）多边形套索工具

使用多边形套索工具☑，可以创建出极其不规则的多边形形状，因此，该工具一般用于选取一些复杂的、棱角分明的、边缘呈直线的选区。

在使用套索工具☑进行选取时，如果在起始点以外释放鼠标，则系统会自动连接起始点和结束点，形成一个完整的选区；而使用多边形套索工具☑进行选取时，释放鼠标并不代表选择的结束，而是可以继续进行选择。

使用多边形套索工具创建选区时，要完成选取操作有两种方法：一是在要结束的点上双击，系统即自动连接起始点和结束点，从而形成一个选区；二是移动鼠标指针至起始点，当鼠标指针呈☒形状（代表结束点已经和开始点重合）时单击，即可完成本次选取。

3）磁性套索工具

磁性套索工具☑适用于快速选择与背景对比强烈，并且边缘复杂的对象，其可以沿着图像的边缘生成选区。

按【Shift + L】组合键，切换到磁性套索工具，其属性栏如图 3-14 所示。

图 3-14　磁性套索工具属性栏

该工具属性栏中各主要选项的含义如下：

- 宽度：该数值框用于设置磁性套索工具指定检测的边缘宽度，其取值范围为 1～40 像素，数值越小选取的图像越精确。
- 边对比度：该数值框用于设置磁性套索工具的边缘反差，其取值范围为 1%～100%，数值越大选取的范围越精确。

- 频率：该数值框用于设置创建选区时的节点数目，即在选取时产生了多少节点。其取值范围为 0～100，数值越大产生的节点越多。
- 压力笔：当使用钢笔绘图板来绘制与编辑图像时，如果选择了该选项，则增大钢笔压力时将导致边缘宽度减小。

> **提 示**
>
> 在使用磁性套索工具创建选区时，如果需要切换至套索工具，可以按住【Alt】键；如果需要切换至多边形套索工具，可以按住【Alt】键并单击。

2. 使用魔棒工具定义颜色相近选区

魔棒工具也是一种常用的选择工具，它的选取范围极其广泛，灵活性很强。在处理图像时，经常要对图像中颜色相近的区域进行处理，此时选用魔棒工具创建选区最合适。

选择魔棒工具后，其工具属性栏如图 3-15 所示。

图 3-15　魔棒工具属性栏

其中部分参数的含义如下：

- 容差：设置颜色的选取范围，其值可在 0～255 之间进行设置，数值越小选取的颜色越接近。
- 连续：选中该复选框，可选择位置相邻且颜色相近的区域。如果取消选中该复选框，则表示将选择所有颜色相近但位置不一定相邻的区域。
- 对所有图层取样：选中该复选框，表示将在所有可见图层中选取颜色相近的区域；若取消选中该复选框，则只能在当前图层选取颜色相近的区域。

运用魔棒工具选取效果如图 3-16 所示。

> **提 示**
>
> 使用魔棒工具时，单击不同的点可选择不同的区域。因此，在使用魔棒工具进行区域选择时，可反复进行选取，直到符合要求为止。

图 3-16　使用魔棒创建选区

3. 运用磁性套索工具制作计算机屏幕

运用磁性套索工具制作计算机屏幕效果步骤如下：

（1）按【Ctrl+O】组合键，打开"花"素材图像，如图3-17所示。

（2）选择魔棒工具 ，在"花"的白色部分单击，创建选区，然后选择"选择"→"反选"命令，反选选区，选择"花"图像，效果如图3-18所示。

图 3-17　素材图像

图 3-18　选择"花"

（3）按【Ctrl + C】组合键，复制选区内容。按【Ctrl + O】组合键，打开"计算机"素材图像，如图3-19所示。

（4）选择多边形套索工具 ，将计算机屏幕选取，效果如图3-20所示。

（5）选择"编辑"→"选取性粘贴"→"粘贴入"命令，将前面复制的"花"粘贴入屏幕中，效果如图3-21所示。

图 3-19　素材图像

图 3-20　创建选区

图 3-21　效果图

提 示

　　如果当前尚未创建选区，则在使用多边形套索工具 创建选区时，如果按住【Shift】键，可按水平、垂直或 45°角方向定义边线；如果按住【Alt】键，则可切换为套索工具（即可定义曲线）；如果按【Delete】键，可取消最后定义的边线；如果按住【Delete】键不放，则可取消所有定义的边线，与按【Esc】键的功能相同。

4. 利用"色彩范围"命令创建选区

使用"色彩范围"命令可根据色彩的相似程度生成选区，与魔棒工具不同，魔棒工具是根据采样点的周围区域图像的色彩相似程度来形成一个选区，而"色彩范围"命令是从整个图像中提取相似的色彩并形成一个选区。

"色彩范围"对话框中各主要选项的含义如下：

- 选择：在该下拉列表框中可以选择颜色或色调范围，也可以选择取样颜色。
- 颜色容差：在该数值框中输入一个数值或拖动滑块以改变数值框中的值，可以调整颜色范围。要减小选中的颜色范围，可将数值减小。
- 选区预览：在该下拉列表框中选择相应的选项，可更改选区的预览方式，其中的选项包括无、灰度、黑色杂边、白色杂色和快速蒙版。

运用"色彩范围"命令选取效果，如图 3-22 所示。

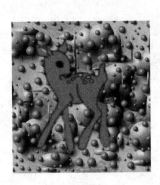
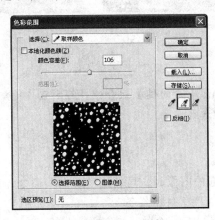
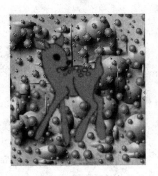

（a）原图 （b）"色彩范围"对话框 （c）创建选区

图 3-22 "色彩范围"创建选区

3.2 选区的基本操作

在 Photoshop CS6 中，用户可以创建精确的选择区域，还可以对已有的选区进行多次修改，如移动和反向选区、存储和载入选区、取消和重新选择选区、隐藏和显示选区等。

3.2.1 移动和反向选区

使用 Photoshop CS6 处理图像时，需要对选区进行移动和反向的操作，从而使图像更加符合设计的需要。

1. 移动选区

移动选区有以下两种方法：

- 使用鼠标移动选区：在图像窗口中，使用椭圆选框工具创建选区，在工具属性栏单击"新选区"按钮，然后将鼠标指针放置到选区内，待鼠标指针呈形状时，按住鼠标左键并拖动，即可移动创建的选区，如图 3-23 所示。在移动选区时，一定要使用选择工具，如果当前工具是移动工具，那么移动的将是选区内的图像。
- 通过键盘移动选区：使用键盘上的【↑】、【↓】、【←】和【→】4 个方向键可以精确地移动选区，每按一次可以移动 1 像素的距离。

图 3-23　移动选区

2. 反向选区

当需要选择当前选区外部的图像时，可使用"反向"命令，其操作方法有以下三种：

- 命令：选择"选择"→"反向"命令。
- 快捷键：按【Ctrl+Shift+I】组合键。
- 快捷菜单：在图像窗口中的任意位置处右击，在弹出的快捷菜单中选择"选择反向"命令。

创建选区并反向后的效果如图 3-24 所示。

图 3-24　反向选区

3.2.2　存储和载入选区

在图像处理及绘制过程中，可以对创建的选区进行保存，便于以后的操作和运用，下面将分别介绍存储和载入的方法。

1. 存储选区

在图像编辑窗口中创建一个选区，选择"选择"→"存储选区"命令，弹出"存储选区"对话框，如图 3-25 所示，单击"确定"按钮即可。

图 3-25　存储选区

"存储选区"对话框中各主要选项的含义如下：

- 文档：该下拉列表框中显示当前打开的图像文件名称及"新建"选项。若选择"新建"选项，则新建一个图像编辑窗口来保存选区。
- 通道：用来选择保存选区内的通道。若是第一次保存选区，则只能选择"新建"选项。
- 名称：用于设置新建 Alpha 通道的名称。
- 操作：该选项组用于设置保存选区与原通道中选区的运算操作。

2. 载入选区

当选区被存储后，选择"选择"→"载入选区"命令，弹出"载入选区"对话框，如图 3-26 所示。

"载入选区"对话框中各主要选项的含义如下：

- 文档：选取文件来源。
- 通道：选取包含要载入选区的通道。
- 反相：使非选定区域处于选中状态。
- 新建选区：添加载入的选区。
- 添加到选区：将载入的选区添加到图像现有选区中。

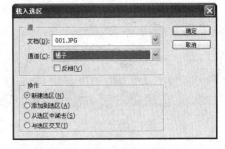

图 3-26　"载入选区"对话框

- 从选区中减去：在图像已有的选区中减去载入的选区，从而得到新选区。
- 与选区交叉：可以将图像中的选区和载入选区的相交部分生成新选区。

3.2.3　取消和重新选择选区

在图像中创建选区，如果想对图像其他部位进行操作时，有以下操作方法。

1. 取消选区

取消选区有以下三种方法：

- 命令：选择"选择"→"取消选择"命令。
- 快捷键：按【Ctrl+D】组合键。
- 快捷菜单：在创建的选区中右击，在弹出的快捷菜单中选择"取消选择"命令。

2. 重新选择

重新选择选区有以下两种方法：

- 命令：选择"选择"→"重新选择"命令。
- 快捷键：按【Shift+Ctrl+D】组合键。

3.2.4 隐藏和显示选区

当图像中创建了选区时，可以将选区隐藏或显示，这样操作起来更加方便。

隐藏和显示选区有以下两种方法：

- 命令：选择"视图"→"显示"→"选区边缘"命令。
- 快捷键：按【Ctrl+H】组合键。

3.2.5 添加、减去选区与选区交叉

使用选区创建工具创建选区后，还可对其进行编辑，如添加到选区、从选区减去或选区交叉等操作，下面将对这些操作进行详细介绍。

1. 添加到选区

进行范围选择时，常常会进行增加选区的设置。

添加到选区有以下两种方法：

- 按钮：选择工具箱中的椭圆选框工具，在图像上按住鼠标左键并拖动，绘制圆形选区，在工具属性栏中单击"添加到选区"按钮 🖳，绘制另一个椭圆选区，效果如图 3-27 所示。

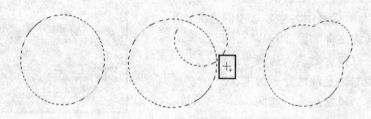

图 3-27　添加到选区

- 快捷键：当图像编辑窗口中存在选区时，选取工具箱中的选区创建工具，按【Shift】键的同时拖动鼠标以创建选区，可增加选区。

2. 从选区减去

在对选区进行设置时，有时选择的范围并不准确，这时可以减少选区范围。

从选区减去有以下两种方法：

- 按钮：选择工具箱中的椭圆选框工具，在工具属性栏中单击"从选区减去"按钮 🖳，鼠标指针呈 ✛ 形状，在圆形选区的基础上绘制圆形选区，即可从选区中减去选区，如图 3-28 所示。

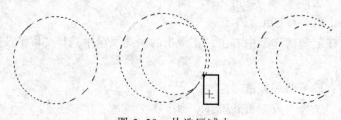

图 3-28　从选区减去

- 快捷键：当图像编辑窗口中存在选区时，选择工具箱中的选区创建工具，按住【Alt】键的同时，拖动鼠标，可减少选区。

3．与选区交叉

与选区交叉有以下两种方法：

- 按钮：选择工具箱中的矩形选框工具，在工具属性栏中单击"与选区交叉"按钮，鼠标指针呈形状，在圆形选区的基础上绘制矩形选区，即可得交叉选区，如图 3-29 所示。

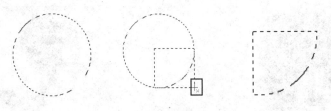

图 3-29　与选区交叉

- 快捷键：当图像编辑窗口中存在选区时，选择工具箱中的选区创建工具，按住【Shift+Alt】键拖动鼠标以创建选区，即可得交叉选区。

3.3　修改选区

在当前文件中创建选区以后，有时为了绘图的精确性，要对已创建的选区进行修改，使之更符合作图要求。下面介绍对选区进行修改的一些方法和命令。

3.3.1　羽化选区

羽化是图像处理中经常用到的操作。羽化效果可以在选区和背景之间建立一条模糊的过渡边缘，使选区产生"晕开"的效果。过渡边缘的宽度即为"羽化半径"，以"像素"为单位。

设置羽化半径有以下三种方法：

- 命令：选择"选择"→"修改"→"羽化"命令。
- 快捷键：按【Alt+Ctrl+D】组合键。
- 属性栏：在选区工具属性栏中设置"羽化"数值。

运用羽化选区操作制作效果操作方法如下：

（1）选择"文件"→"打开"命令，打开素材图像，如图 3-30 所示。

图 3-30　打开素材图像

（2）选择椭圆选框工具 ◯，在其工具属性栏中设置"羽化"值为 20px，如图 3-31 所示。

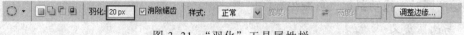

图 3-31 "羽化"工具属性栏

（3）框选鲜花中花心部分，如图 3-32 所示，框选后按【Ctrl+C】组合键，复制选区内容，然后激活苹果图像，按【Ctrl+V】组合键将其粘贴，选择矩形移动工具 ▶+，将其移动至如图 3-33 所示位置。

图 3-32 创建花心选区

图 3-33 粘贴效果

3.3.2 扩展或收缩选区

若用户对创建的选区不满意，可以用扩展或收缩命令调整选区。

1. 扩展

使用"扩展"命令，可以扩大当前选择区域，"扩展量"数值越大，选择区域的扩展量越大。选择"选择"→"修改"→"扩展"命令，弹出"扩展选区"对话框，在该对话框中设置"扩展量"值为 10 像素，单击"确定"按钮，即可对选区进行扩展，如图 3-34 所示。

2. 收缩

使用"收缩"命令，可以将当前选区缩小，"收缩量"数值越大，选择区域的收缩量越大。选择"选择"→"修改"→"收缩"命令，弹出"收缩选区"对话框，在该对话框中设置"收缩量"值为 40 像素，单击"确定"按钮，即可对选区进行收缩，如图 3-35 所示。

图 3-34 原选区与扩展后的选区

图 3-35 原选区与收缩后的选区

3.3.3 边界和平滑选区

使用"边界"命令可以在选区边缘新建一个选区，而使用"平滑"命令可以使选区边缘平滑。一般通过"边界"和"平滑"命令使图像中的选区边缘更加完美。

1．边界

使用"边界"命令，可以修改选择区域边缘的像素宽度，执行该命令后，选择区域只有虚线包含的边缘轮廓部分，不包括选择区域中的其他部分。

选择"选择"→"修改"→"边界"命令，弹出"边界选区"对话框，在该对话框中设置"宽度"值为 25 像素，单击"确定"按钮，即可执行"边界"命令，如图 3-36 所示。

2．平滑

"平滑"命令用于平滑选区的尖角和去除锯齿。选择"选择"　→"修改"　→"平滑"命令，弹出"平滑选区"对话框，在该对话框中设置"取样半径"值为 100 像素，单击"确定"按钮，即可对选区进行平滑，如图 3-37 所示。

图 3-36　原选区与边界选区　　　　　图 3-37　原选区与平滑选区

3.4　经典案例——选区专项实训

选区是 Photoshop 中最重要的功能之一，它不仅可以用来选择图像的某个部分，还可以用来抠像、填充颜色、图案和描边等。

【例 3.1】　使用套索工具更换背景

制作效果：

本案例运用套索工具将人物套取复制到背景中，制作效果如图 3-38 所示。

图 3-38　效果图

制作步骤：

（1）按【Ctrl+O】组合键，打开"背景"和"人物"素材图像，如图 3-39 所示。

（2）在工具箱中选择套索工具 ，按住鼠标左键然后沿"人物"图像的轮廓绘制选区，释放鼠标左键，生成选区如图 3-40 所示。

图 3-39　素材

（3）选择"选择"→"修改"→"羽化"命令，在弹出的"羽化选区"对话框中设置"羽化半径"为 50（见图 3-41），单击"确定"按钮，然后复制、粘贴至"背景"图像中，效果如图 3-38 所示。

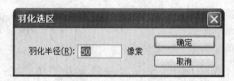

图 3-40　套取人物　　　　　　　　　　　　　　　图 3-41　羽化选区

【例 3.2】　利用"边界"命令制作装饰圆环

制作效果：

本案例运用选区的边界命令，制作效果如图 3-42 所示。

制作步骤：

（1）按【Ctrl+O】组合键，打开素材图像，如图 3-43 所示。

（2）单击"图层"调板中的"创建新图层"按钮，新建"图层 1"。选择椭圆选框工具，按住【Shift】键并拖动鼠标，在素材图像中绘制圆形选区，如图 3-44 所示。

图 3-42　效果图　　　　　　　图 3-43　素材　　　　　　　图 3-44　绘制圆形选区

（3）选择"选择"→"修改"→"边界"命令，弹出"边界选区"对话框，在该对话框中设置"宽度"值为 10 像素，单击"确定"按钮，即可执行"边界"命令，如图 3-45 所示。

（4）设置前景色为紫红色（#ff5bb0）并填充边界选区，效果如图 3-46 所示。

图 3-45　边界选区设置

图 3-46　填充边界

（5）按上述方法并根据选区的大小确定"边界"的大小，制作其他圆环，得到最终效果如图 3-42 所示。

【例 3.3】　使用磁性套索工具更换背景

制作效果：

本案例运用磁性套索工具套取皮鞋，制作效果如图 3-47 所示。

制作步骤：

（1）按【Ctrl+O】组合键，打开"皮鞋"素材图像，如图 3-48 所示。

（2）选择工具箱中磁性套索工具，沿皮鞋边缘绘制选区，如图 3-49 所示。

图 3-47　效果

图 3-48　素材

图 3-49　套取皮鞋

（3）将选择的皮鞋复制粘贴，然后选择"编辑"→"变换"→"垂直翻转"命令，效果如图 3-50 所示。

（4）按【Ctrl+T】组合键，调整复制的皮鞋到如图 3-51 所示位置。

图 3-50　垂直翻转

图 3-51　调整位置

（5）按【Enter】键确认变换，然后单击"图层"调板，将"图层 1"的"不透明度"值设置为 20%，如图 3-52 所示，效果如图 3-53 所示。

（6）选择矩形选框工具▢，绘制矩形选框（见图 3-54），选择"选择"→"修改"→"羽化"命令，在弹出的"羽化选区"对话框中设置"羽化半径"为 50，单击"确定"按钮，然后删除选区，并取消选区，效果如图 3-47 所示。

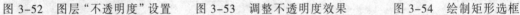

图 3-52 图层"不透明度"设置　　图 3-53 调整不透明度效果　　图 3-54 绘制矩形选框

【例 3.4】 单列效果

制作效果：

本案例使用单列工具绘制直线，制作效果如图 3-55 所示。

图 3-55 效果图

制作步骤：

（1）单击"文件"→"打开"命令，打开素材图像，如图 3-56 所示。

图 3-56 打开素材

（2）单击"编辑"→"首选项"→"参考线、网格和切片"命令，打开"首选项"对话框，调整网格间距，如图 3-57 所示。

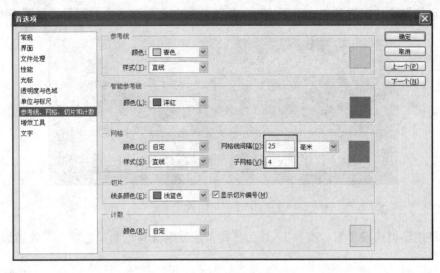

图 3-57　"首选项"对话框

（3）单击"视图"→"显示"→"网格"命令，在画面中显示网格，如图 3-58 所示。选择单列选框工具 ，在工具选项栏中按下  按钮，在网格线上单击，创建宽度为 1 像素的选区，如图 3-59 所示。

图 3-58　显示网格式

图 3-59　创建选区

（4）单击"图层"面板度部的 按钮，在"背景"上面新建一个图层，然后按下【Ctrl + Delete】组合键，在选区内填充白色的前景色，按下【Ctrl + D】组合键取消选区，单击"视图"→"显示"→"网格"命令，将网格隐藏，如图 3-60 所示。

（5）按下【Ctrl + T】组合键显示定界框，将绘制作线条旋转一定的角度，按【Enter】键确认，如图 3-61 所示。

图 3-60　填充选区效果

图 3-61　旋转效果

（6）运用椭圆选框工具创建正圆选区，反选选区并删除选区内的图像，如图 3-62 所示。

图 3-62　删除效果

（7）将图层模式设置为"叠加"，然后将线条层复制并移动到蓝色球上，效果如图 3-55 所示。

习　　题

一、简答题

1. 选区的羽化有几种方法？

2. 合并拷贝与拷贝命令的区别？贴入与粘贴命令的区别是什么？

3. 如何自定义图案？

二、上机操作

制作图 3-63 所示的效果图，以紫色与黄色为主色调，配以故宫，主题突出。

图 3-63　效果图

第4章

工具与绘图

　　工具箱中的工具都是编辑操作时比较常用的，各种工具的图标已经非常形象逼真地表现了其作用和特点。本章主要介绍如何选取颜色和填充颜色，以及绘画工具、色调工具、修饰工具、修补工具和删除工具的使用方法。

　　这些工具的使用是学习 Photoshop 的基本功，只有扎实地掌握它们的使用方法和技巧，才能在图像上大做文章。每种工具都有它独到之处，只有正确、合理地选择使用，才能编辑出完美的图像。

本章重点与难点

◎　选取颜色；

◎　填充颜色；

◎　绘图工具。

4.1　选取颜色

　　在编辑图像时，其操作结果与前景色和背景色有着非常密切的关系。例如，使用画笔、铅笔及油漆桶等工具在图像窗口进行绘画时，使用的是前景色；在使用橡皮工具擦除图像窗口中的背景图层时，则使用背景色填充被擦除的区域。

4.1.1　运用颜色工具

　　工具箱中有一个前景色和背景色的设置工具，用户可通过该工具来设置当前使用的前景色和背景色，如图 4-1 所示。

　　默认前景色为黑色，背景色为白色。而在 Alpha 通道中，默认的前景色是白色，背景色是黑色。

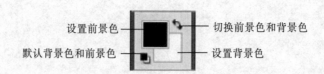

图 4-1　前景色与背景色颜色设置区

颜色设置区中各图标的含义如下：

- 设置前景色/背景色：单击相应的图标，将弹出"拾色器"对话框，选取一种颜色，可更改图像的前景色/背景色。
- 切换前景色和背景色：单击该按钮，可以将当前的前景色和背景色互换。
- 默认前景色和背景色：单击该按钮，可以将当前的前景色和背景色恢复默认的黑色和白色。

提 示

按【D】键，可将前景色与背景色恢复为默认的颜色设置。

按【X】键，可将设置好的前景色与背景色相互切换。

4.1.2　运用拾色器

通过"拾色器"对话框，可以设置前景色、背景色和文本颜色。在 Photoshop 中，还可以使用拾色器在某些颜色和色调调整命令中设置目标颜色，在渐变编辑器中设置终止色；在照片滤镜中设置滤镜颜色；在填充图层、某些图层样式和形状图层中设置颜色。

单击工具箱或者"颜色"调板中的"设置前景色"或"设置背景色"图标，即可弹出"拾色器"对话框，如图 4-2 所示。

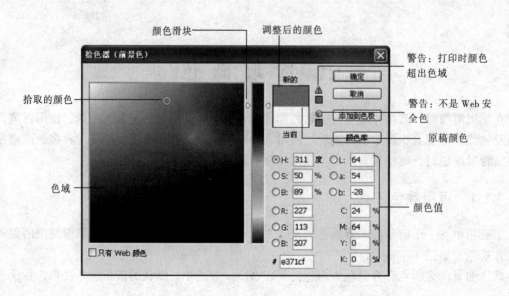

图 4-2　"拾色器"对话框

"拾色器"对话框中各主要选项的含义如下：

- "原稿颜色"和"调整后的颜色"：颜色滑块的右侧有一块显示颜色的区域，分为上下两个部分，上半部分显示的是当前选择的颜色，下半部分显示的是原稿的前景色或者背景色。

- "警告：打印时颜色超出色域"警告按钮 ⚠️：显示该按钮，表示当前选择的颜色超过了打印机能够识别的范围，按钮下方的颜色块中会显示出与当前选择颜色最接近的 CMYK 模式颜色。单击该按钮，即可选定颜色块中的颜色。

- "警告：不是 Web 安全色"警告按钮 ⬡：显示该按钮，表示当前所选颜色超过了 Web 的颜色范围，按钮下方的颜色块会显示出与当前选择颜色最接近的 Web 颜色。同样，单击该按钮，可将当前选择的颜色换成颜色块中的颜色。

- 只有 Web 颜色：选中该复选框，可以将选取颜色的范围限制在 Web 颜色范围以内（也就是适于网页）的 216 种颜色，如图 4-3 所示。

- 颜色库：单击该按钮弹出"颜色库"对话框，在其中可以进行颜色的选取。在"色库"下拉列表框中可以选择用于印刷的颜色。

在拾色器中选取颜色有以下 4 种方法：

- 在色域中所需的颜色上单击。

- 对话框的右下方有 HSB、RGB 和 Lab 三种颜色模式的 9 种颜色分量单选按钮。

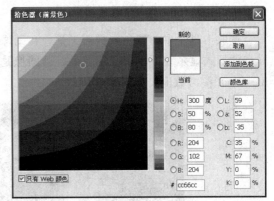

图 4-3 显示 Web 颜色的色域窗口

选中其中一个单选按钮，色域中就会出现不同的颜色。在其中单击，并配合调节颜色的滑块可以选出多种颜色。

- 在 HSB、RGB、Lab 和 CMYK 这 4 种颜色模式的颜色分量数值框中输入相应的数值或者百分比，可以完成选取颜色的操作。

- 对话框的右下方有一个带有 # 标志的数值框。在使用上面两种方法选取颜色时，每选取一种颜色数值框中的数值就会发生相应的改变，所以可以在此数值框中直接输入一个十六进制值，如 000000 是黑色，FFFFFF 是白色，FF0000 是红色。色域中所显示出来的所有颜色都可以用 6 位十六进制数值表示。

4.1.3 运用吸管工具从图像中获取颜色

在处理图像时，可能经常需要从图像中获取颜色。例如，要修补图像中某个区域的颜色，通常要从该区域附近找出相近的颜色，然后再用该颜色处理被修补处，此时用吸管工具会很方便，其属性栏如图 4-4 所示。

该工具属性栏中的"取样大小"下拉列表框用于设置取样点的大小，其中各选项的含义如下：

- 取样点：该选项为系统的默认设置。表示选取颜色精确到 1 像素，单击位置的像素颜色即可定为当前选取的颜色。

● 3×3 平均：选择该选项表示以 3×3 像素的平均值来确定选取的颜色。

其他各项均为类似设置，这里不再赘述。

为了便于用户了解某些点的颜色数值，方便颜色设置，Photoshop CS6 还提供了一个颜色取样器工具，如图 4-5 所示。用户可以使用该工具查看图像中若干关键点的颜色值，以便在调整颜色时参考。

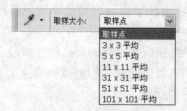

图 4-4　吸管工具属性栏

图 4-5　颜色取样器工具

选取工具箱中的颜色取样器工具，在图像中单击所要查看颜色值的关键点，此时将以取样点的形式显示在所单击的图像处，若图像是 RGB 模式，"信息"调板中将显示其相应点的 R、G、B 参考数值，如图 4-6 所示。

图 4-6　使用颜色取样器工具进行颜色取样

提示

使用颜色取样器工具进行颜色取样时，取样点不得超过 4 个；要移动取样点位置，只需将鼠标指针移至取样点上并拖动鼠标，此时用户可通过"信息"调板，浏览鼠标指针所经过的区域的颜色变化；要删除取样点，可按住【Alt】键的同时单击取样点，或直接将其拖出图像窗口。

4.1.4　运用"颜色"调板

使用"颜色"调板，可以使用几种不同颜色模型来编辑前景色和背景色。

选择"窗口"→"颜色"命令或按【F6】键，弹出"颜色"调板，如图 4-7 所示。

使用"颜色"调板设置颜色有以下 4 种方法：

● 在"颜色"调板中，单击"设置前景色"或者"设置背景色"图标，弹出"拾色器"

对话框，在其中可进行颜色的选取。

- 拖动颜色分量滑动杆上的滑块可以调节颜色的深浅度。
- 在数值框中输入有效数值可以调节颜色的深浅度。
- 将鼠标指针移动到四色曲线图上，单击其中的一种颜色可以选取一种颜色将其作为前景色；按住【Alt】键的同时单击曲线图中的颜色，则可将其作为背景色。

单击"颜色"调板右上角的下三角按钮，弹出调板菜单（见图 4-8），用户可以在其中选择其他设置颜色的方式及颜色样板条类型。

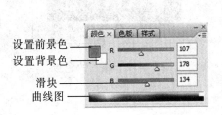

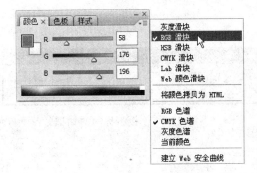

图 4-7　"颜色"调板　　　　　　　　图 4-8　"颜色"调板菜单

4.1.5　运用"色板"调板

为了便于快速选择颜色，系统还提供了"色板"调板。该调板中的颜色都是系统预先设置好的，用户可直接在其中选取而不用自己配制，还可调整"色板"调板中的颜色。

打开"色板"调板有以下两种方法：

- 命令：选择"窗口"→"色板"命令。
- 快捷键：按【F6】键。

使用以上任意一种方法，都将弹出"色板"调板，如图 4-9 所示。

1. 更改色板的显示方式

单击"色板"调板右上角的下三角按钮，弹出调板菜单，在其中选择"小缩览图"命令，可以显示色板的缩览图；选择"小列表"命令，可以显示每个色板的名称和缩览图，如图 4-10 所示。

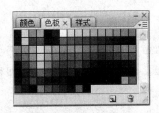

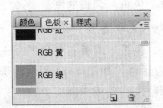

图 4-9　"色板"调板　　　　　　　　图 4-10　显示色块及其名称

1）在色板中选择颜色

在色板中选择颜色有以下两种方法：

- 鼠标：移动鼠标指针到调板中的色板方格上（此时鼠标指针呈 🖋 形状），单击（此时

鼠标指针呈 形状）即可完成前景色的选取。

● 快捷键：按住【Ctrl】键的同时在色板方格上单击，即可完成背景色的选取。

2）添加色板

将鼠标指针移到"色板"调板中的空白处，当鼠标指针呈 形状时单击，弹出"色板名称"对话框，如图 4-11 所示。在"名称"文本框中输入颜色的名称，单击"确定"按钮，即可将当前前景色添加到"色板"调板中，如图 4-12 所示。

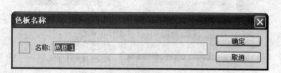

图 4-11 "色板名称"对话框

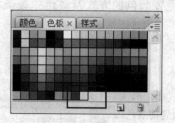

图 4-12 添加的色板

提 示

在"色板"调板中选择一个色块，按住【Alt】键将其拖动到"色板"调板底部的"创建前景色的新色板"按钮上，弹出"色板名称"对话框，设置相应的选项，单击"确定"按钮，可复制选择的色块。

2．删除色板

删除色板有以下两种方法：

● 按钮：在"色板"调板中选择需要删除的色板，按住鼠标左键不放，待鼠标指针呈 形状时，将其拖动到"色板"调板底部的"删除色板"按钮 上，即可删除色板。

● 快捷键：按住【Alt】键，鼠标指针呈成剪刀形状 ，此时单击调板中的色块，即可删除色板。

3．复位色板

如果想要恢复系统默认的色板设置，可单击"色板"调板右上角的下三角按钮，弹出调板菜单，选择"复位色板"命令，将弹出提示信息框，如图 4-13 所示。单击"确定"按钮，即可完成"色板"调板的恢复。

4．载入色板库

单击"色板"调板右上角的下三角按钮，弹出调板菜单，选择"载入色板"命令，弹出"载入"对话框，如图 4-14 所示。选择需要载入的色板库，单击"载入"按钮，即可将选择的色板库载入"色板"调板中。

5．将一组色板存储为库

单击"色板"调板右上角的下三角按钮，弹出调板菜单，选择"存储色板"命令，弹出"存储"对话框，如图 4-15 所示。选择保存色板库的路径，并在"文件名"文本框中输入文件名，单击"确定"按钮即可。

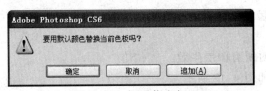

图 4-13　提示信息框

图 4-14　"载入"对话框

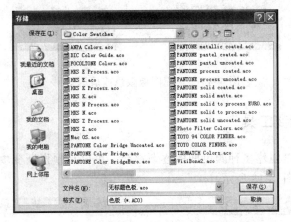

图 4-15　"存储"对话框

4.2　填　充　颜　色

在 Photoshop CS6 中，填充图像颜色的方法有多种，如运用油漆桶工具填充单色、运用渐变工具填充渐变色、运用"填充"命令和快捷键填充颜色等，下面将分别进行详细介绍。

4.2.1　运用油漆桶工具

运用油漆桶工具，可以用前景色或图案快速填充图像中由颜色相近的像素组成的区域。填充的区域大小取决于邻近的像素颜色与填充起点像素颜色的相似程度，其属性栏如图 4-16 所示。

图 4-16　油漆桶工具属性栏

该工具属性栏中各主要选项的含义如下：

- 设置填充区域的源：在该下拉列表框中，可以选择"前景"或"图案"选项进行填充。
- 模式：在该下拉列表框中，可以设置填充图像与原图像的混合模式。
- 不透明度：设置填充颜色或图案的不透明程度。
- 容差：该数值框可以设置填充像素的颜色范围，取值范围为 0～255 的整数。设置高容差则可填充更大范围的像素，设置低容差则填充与单击像素非常相似的像素。
- 消除锯齿：选中该复选框，可以通过淡化边缘以产生与背景颜色之间的过渡，从而平滑锯齿边缘。
- 连续的：选中该复选框，仅填充与填充起点像素邻近的像素，否则，将填充图像中所有与起点像素相似的像素。
- 所有图层：选中该复选框，填充操作将对所有图层生效。

运用油漆桶工具填充图像颜色前后的效果如图 4-17 所示。

图 4-17　填充图像颜色前后的效果

4.2.2　运用渐变工具

运用渐变工具可以创建多种颜色间的逐渐混合，可以从预设渐变填充中选取或创建自己的渐变，其属性栏如图 4-18 所示。

图 4-18　渐变工具属性栏

该工具属性栏中各主要选项的含义如下：

- 单击"点按可编辑渐变"图标，打开"渐变编辑器"窗口（见图 4-19），可在"预设"选项组中选择渐变色，也可以通过单击渐变色矩形控制条中的色标（当鼠标指针呈 ⑪ 形状时，在渐变色矩形控制条的下方单击，则可以增加色标），并通过其下方的"颜色"色块设置渐变颜色，如图 4-20 所示。
  - ➢ "线性渐变"按钮▉：可以创建从起点到终点的直线渐变效果。
  - ➢ "径向渐变"按钮▉：可以创建从中心向四周辐射的渐变效果。
  - ➢ "角度渐变"按钮▉：可以形成围绕点旋转的螺旋形渐变效果。
  - ➢ "对称渐变"按钮▉：可以产生两侧对称的渐变效果。
  - ➢ "菱形渐变"按钮▉：可以产生菱形的渐变效果。

以上各种渐变类型的效果如图 4-21 所示。

- "反向"复选框：选中该复选框，可以反转渐变填充中填充的颜色。
- "仿色"复选框：选中该复选框，可以创建较平滑的混合。
- "透明区域"复选框：选中该复选框，可以对渐变填充使用透明蒙版。

图 4-19 "渐变编辑器"窗口

图 4-20 编辑渐变色

（a）线性渐变

（b）径向渐变

（c）角度渐变

（d）对称渐变

（e）菱形渐变

图 4-21 各种渐变类型效果

4.2.3 运用"填充"命令

用户可以运用"填充"命令对选区或图像填充定义的颜色及图案。执行"填充"命令的方法有以下两种：

- 命令：选择"编辑"→"填充"命令。
- 快捷键：按【Shift + F5】组合键。

使用以上任意一种操作，均可弹出"填充"对话框，如图 4-22 所示。

"填充"对话框中各主要选项的含义分别如下：

- 使用：在该下拉列表框中可以选择所需的颜色，如前景色、背景色、黑色、50%灰色和白色，也可以选择颜色或图案以及历史记录。

图 4-22 "填充"对话框

  - ➢ 颜色：选择该选项可以从弹出的"选取一种颜色"对话框中选择颜色，然后对图像进行填充。
  - ➢ 图案：选择该选项可使用图案填充选区。单击"自定图案"下三角按钮，弹出"图案"调板，在其中可选择所需要的图案。
  - ➢ 历史记录：选择该选项，可以将选定区域恢复为在"历史记录"调板中设置为源的状态或图像快照。
- 混合：在该选项组中可以设置所需的填充混合模式和不透明度。

- 保留透明区域：对图层进行颜色填充时，可以保留透明的部分不填充颜色。该复选框只有在对透明的图层进行填充时才有效。

举例说明填充运用：

（1）按【Ctrl+O】组合键，打开一幅素材图像，如图 4-23 所示。

（2）选择工具箱中的矩形选框工具，框选左边的人物，如图 4-24 所示。

图 4-23　打开素材图像

图 4-24　框选选区

（3）选择"编辑"→"填充"命令，在弹出的"填充"对话框中进行设置，如图 4-25 所示，然后单击"确定"按钮，取消选区，填充效果如图 4-26 所示。

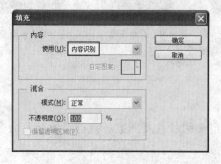

图 4-25　"填充"对话框

图 4-26　填充效果

4.2.4　使用快捷键

要对当前图层或创建的选区填充颜色，可以运用快捷键快速完成。

使用快捷键填充颜色的方法有以下四种：

- 按【Alt + Delete】组合键，填充前景色。
- 按【Alt + Backspace】组合键，填充前景色。
- 按【Ctrl + Delete】组合键，填充背景色。
- 按【Ctrl + Backspace】组合键，填充背景色。

4.3　绘图工具

熟练运用工具箱中的绘图工具是学习 Photoshop CS6 的一个重要环节，只有熟练掌握了各种绘图修饰工具的操作技巧，才能在图像编辑处理中做到游刃有余。

4.3.1 调出"画笔"调板

使用"画笔"调板可以对画笔进行全面的控制，从而创作出各种绘图效果。打开"画笔"调板的方法有以下三种：

- 命令：选择"窗口"→"画笔"命令。
- 快捷键：按【F5】键。
- 按钮：在画笔工具、铅笔工具、仿制图章工具、图案图章工具、历史记录画笔工具、历史记录艺术画笔工具、模糊工具、锐化工具、涂抹工具、减淡工具、加深工具和海绵工具的工具属性栏中单击"切换画笔调板"按钮 。

使用以上任意一种操作方法，均可弹出"画笔"调板，如图 4-27 所示。

下面介绍调板中的各主要选项含义。

1. 画笔预设

在"画笔"调板的左侧选择"画笔预设"选项卡，则可以在右侧显示各种预设的画笔，如图 4-28 所示。每种预设对应一系列的画笔参数。单击右下角的"创建新画笔"按钮 ，可以创建新的画笔预设；单击"删除画笔"按钮 ，可以将不需要的画笔预设删除。

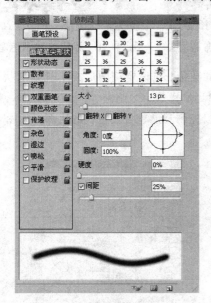

图 4-27 "画笔"调板

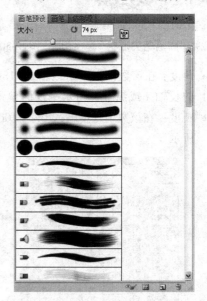

图 4-28 "画笔预设"选项卡

2. 画笔笔尖形状

画笔笔尖形状由许多单独的画笔笔迹组成。所选的画笔笔尖决定了画笔笔迹的形状、直径和其他特性，可以通过编辑其选项来自定画笔笔尖，并通过采集图像中像素样本来创建新的画笔笔尖形状。

在"画笔"调板的左侧选择"画笔笔尖形状"选项，调板右侧会显示其相关内容，在其中可以设置画笔笔尖的相关内容；设置画笔笔尖的大小、硬度、间距、角度和圆度等，如图 4-29 所示。

右侧调板中各主要选项的含义如下：

- 大小：拖动该滑杆上的滑块或在其后面的数值框中输入所需的数值，可以设置画笔笔尖的大小。
- 使用取样大小：单击该按钮，可以将画笔复位到原始直径。
- 翻转 X：改变画笔笔尖在 X 轴上的方向，如图 4-30 所示。
- 翻转 Y：改变画笔笔尖在 Y 轴上的方向，如图 4-31 所示。

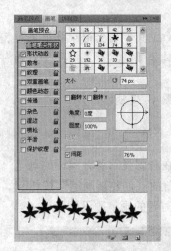 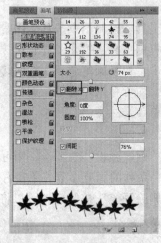 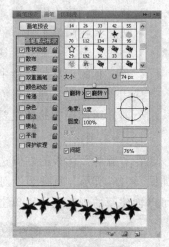

图 4-29 "画笔笔尖形状"选项组　　图 4-30 翻转 X 轴画笔笔尖　　图 4-31 翻转 Y 轴画笔笔尖

- 角度：在该数值框中可以输入-180°～180°的数值，以设置椭圆形或不规则形状画笔的长轴（或纵轴）与水平线的偏角，如图 4-32 所示。
- 圆度：在该数值框中输入 0%～100%的数值，以控制圆形笔尖长短轴的比例，如图 4-33 所示。

　　　　图 4-32 画笔笔尖的角度　　　　　　　　图 4-33 画笔笔尖的圆度

- 硬度：拖动滑杆上的滑块或在其数值框中输入 0%～100%的数值，可以控制画笔硬度，如图 4-34 所示。
- 间距：拖动滑块可以控制画笔标记之间的距离，如图 4-35 所示。

3. 形状动态

形状动态决定画笔笔迹的变化。在"画笔"调板的左侧选中"形状动态"复选框，其右侧会显示相关的属性设置选项，如图 4-36 所示。

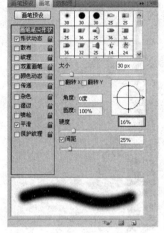

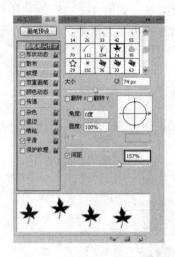

图 4-34　画笔笔尖的硬度　　　图 4-35　画笔笔尖的间距　　　图 4-36　"形状动态"选项组

"形状动态"选项组中各主要选项的含义如下：

- 大小抖动：拖动该选项下方的滑块或在其右侧的数值框中直接输入数值，可以设置绘制过程中画笔笔迹大小的变化程度；在其下方的"控制"下拉列表框中可以设置画笔笔迹大小的变化方式，包括关、渐隐、钢笔压力、钢笔斜度和光笔轮 5 个选项。
- 角度抖动：拖动该选项下方的滑块或在其右侧的数值框中直接输入数值，可以设置在绘制过程中画笔笔迹的角度的变化程度；在其下方的"控制"下拉列表框中可以设置画笔笔迹角度的变化方式。
- 圆度抖动：拖动该项下方的滑块或在其右侧的数值框中直接输入数值，可以设置在绘制过程中画笔笔迹的圆度的变化程度；在其下方的"控制"下拉列表框中可以设置画笔笔迹圆度的变化方式。
- 最小圆度：当使用"圆度抖动"时，拖动该选项下方的滑块或在其右侧的数值框中直接输入数值，可以设置画笔笔迹的最小圆度。

4.3.2　画笔工具

使用画笔工具可以在图像上绘制当前的前景色，也可以创建柔和的颜色描边。选取工具箱中的画笔工具，其属性栏如图 4-37 所示。

图 4-37　画笔工具属性栏

该工具属性栏中各主要选项的含义如下：

- 图标 ✐：单击此图标，可弹出"工具预设"调板。

- "画笔"选项：单击该选项右侧的下三角按钮，弹出"画笔预设"调板，如图 4-38 所示。该调板中的"大小"选项用于设置当前画笔的笔触大小，拖动下方的滑块设置笔触的大小，也可以在右侧的数值框中直接输入笔触的大小，单击"大小"数值框右侧的三角形按钮，弹出调板菜单，如图 4-39 所示；"硬度"选项用于设置画笔笔触的软硬度，设置的数值越大笔触的边缘越清晰，数值越小笔触的边缘越柔和。

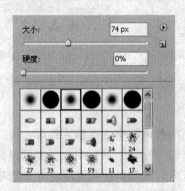

图 4-38 "画笔预设"调板

图 4-39 调板菜单

- "模式"下拉列表框：在该下拉列表框中可以选择绘图时的混合模式。这些混合模式与"图层"调板中混合模式的作用大致相同，在此不再赘述。
- "流量"滑块：设置在绘画时画笔压力的大小，可以在数值框中输入 1～100 的整数值，也可以拖动滑块进行调节。流量值越大画出的颜色越深，数值越小画出的颜色越浅。
- "喷枪"按钮 ：单击该按钮，可启用喷枪功能，使用时绘制的线条会因鼠标的停留而逐渐变粗。

4.3.3　铅笔工具

Photoshop CS6 的铅笔工具能模拟真实的铅笔画出一条参差不齐、边缘较硬的线条。使用铅笔工具时，笔画可以是粗的、细的、圆的或方的，其属性栏如图 4-40 所示。

图 4-40 铅笔工具属性栏

铅笔工具的使用方法与画笔工具的使用方法基本相同，不过使用铅笔工具绘制的是硬边直线，其属性栏中多了一个"自动抹涂"复选框，是铅笔工具的特殊功能。

"自动抹除"复选框可以在包含前景色的区域上绘制背景色；选中"自动抹除"复选框，

并设置好前景色和背景色，然后在图像上拖动鼠标，如果笔尖的中心在图像与前景色相同的区域落笔，该区域将涂抹成背景色；如果光标的中心在不包含前景色的区域上落笔，该区域以前景色绘制。

4.3.4　颜色替换工具

颜色替换工具可以使用校正颜色在目标颜色上绘画，该工具不适合用于位置、索引或多通道颜色模式的图像，其属性栏如图 4-41 所示。

图 4-41　颜色替换工具属性栏

该工具属性栏中各主要选项的含义如下：

- "画笔"选项：用于指定画笔笔尖的直径、硬度、间距、角度和圆度等。使用颜色替换工具时不能获得所有的画笔选项，少于其他工具可用的"画笔"调板选项。
- "模式"下拉列表框：该下拉列表框中有 4 个选项，即色相、饱和度、颜色和明度，用于设置如何将新的绘图元素与图像中已有的元素混合。通常混合模式设置为"颜色"（"颜色"模式影响色调和饱和度或图像的颜色值，但不影响明度）。
- "取样：连续"按钮▨：使用该工具对区域进行连续不断的颜色取样。
- "取样：一次"按钮▨：只替换包含第一次单击的颜色区域中的目标颜色。
- "取样：背景色板"按钮▨：只替换图像中的与当前前景色颜色相同的像素。
- "限制"下拉列表框：在该下拉列表框中选择"不连续"选项，则可替换出现在指针下任何位置的样本颜色；选择"连续"选项，则替换与指针下的颜色邻近的颜色；选择"查找边缘"选项，则替换包含样本颜色的连接区域，同时能更好地保留形状边缘的锐化程度。
- "容差"数值框：用于决定与像素匹配到什么程度才能进行替换。数值越低与取样的颜色越相近，数值越高替换的颜色范围越广。颜色替换成功与否往往取决于容差值的大小。
- "消除锯齿"复选框：选中该复选框，可以为所校正的区域定义平滑的边缘。

4.4　色　调　工　具

色调工具由减淡工具、加深工具和海绵工具组成。减淡和加深工具是用于调节照片特定区域曝光度的传统摄影技术，可使图像区域变亮或变暗。减淡工具可以使图像变亮，加深工具可使图像变暗。

4.4.1　减淡工具

减淡工具用来加亮图像的局部，通过将图像或选区的亮度提高来校正曝光，其属性栏如图 4-42 所示。

该工具属性栏中各主要选项的含义如下：

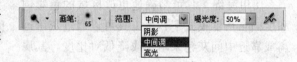

图 4-42　减淡工具属性栏

- "范围"下拉列表框中有阴影、中间调和高光三个选项：
  ➤ "阴影"选项：选择该选项，只能更改图像中暗部区域的像素。
  ➤ "中间调"选项：选择该选项，只能更改图像中颜色对应灰度为中间范围的部分像素。
  ➤ "高光"选项：选择该选项，只能更改图像中亮部区域的像素。
- "曝光度"数值框：用于设置减淡工具的曝光量，取值范围为 1%～100%。
- "喷枪"按钮：单击该按钮，将使用喷枪效果进行绘制。

运用减淡工具对图像进行处理前后的效果如图 4-43 所示。

图 4-43　运用减淡工具对牙齿进行美白处理前后的效果

4.4.2　加深工具

加深工具通过增加曝光度来降低图像中某个区域的亮度，该工具的设置及使用与减淡工具相同，其属性栏如图 4-44 所示。

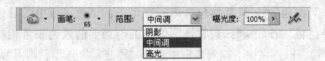

图 4-44　加深工具属性栏

运用加深工具对图像进行处理前后的效果如图 4-45 所示。

图 4-45　运用加深工具对图像进行处理前后的效果

4.4.3　海绵工具

使用海绵工具可精确地更改区域的色彩饱和度。在灰度模式下，该工具可以通过灰阶远离或靠近中间灰色来增加或降低对比度，其属性栏如图 4-46 所示。

图 4-46　海绵工具属性栏

该工具属性栏中的"去色"选项可以减弱颜色的饱和度,"加色"选项可以增加颜色的饱和度。

> **提 示**
>
> 按【O】键可以选取当前色调工具。
>
> 按【Shift + O】组合键,可以在减淡工具、加深工具和海绵工具中进行切换。

4.5 修 饰 工 具

修饰工具是通过设置画笔笔触,并在图像上随意涂抹,以修饰图像中的细节部分。修饰工具包括模糊工具、锐化工具、涂抹工具、仿制图章工具和图案图章工具。

4.5.1 模糊工具

使用模糊工具可以将图像变得模糊,而未被模糊的图像将显得更加突出清晰,其属性栏如图 4-47 所示。

图 4-47　模糊工具属性栏

在"画笔"下拉调板中选择一个合适的画笔,选择的画笔越大,图像被模糊的区域也越大;可在"模式"下拉列表框中选择操作时的混合模式,它的意义与图层混合模式相同;"强度"数值框中的百分数可以控制模糊工具操作应用在其他图层中的强度,否则,操作效果只作用在当前图层。

运用模糊工具对图像进行处理前后的效果如图 4-48 所示。

图 4-48　运用模糊工具处理图像前后的效果

4.5.2 锐化工具

锐化工具的作用与模糊工具的作用刚好相反,可用于锐化图像的部分像素,使被操作区域更清晰。锐化工具的工具属性栏与模式工具完全一样,其参数的意义也一样,故不再赘述。

4.5.3　涂抹工具

涂抹工具可以用来混合颜色。使用涂抹工具时，Photoshop 从单击处的颜色开始，将它与鼠标指针经过的区域颜色相混合。除了混合颜色和搅拌颜料之外，涂抹工具还可用来在图像中产生水彩般的效果，其属性栏如图 4-49 所示。

图 4-49　涂抹工具属性栏

选中该工具属性栏中的"对所有图层取样"复选框，可以对所有可见图层中的颜色进行涂抹，取消选中该复选框，则只对当前图层的颜色进行涂抹；选中"手指绘画"复选框，可以从起点描边处使用前景色进行涂抹，取消选中该复选框，则涂抹工具只会在起点描边处使用所指定的颜色进行涂抹。

运用涂抹工具对图像进行处理前后的效果如图 4-50 所示。

图 4-50　运用涂抹工具对图像进行处理前后的效果

4.5.4　仿制图章工具

使用仿制图章工具可以从图像中取样，然后将样本应用到其他图像或同一图像的其他部分，其属性栏如图 4-51 所示。

图 4-51　仿制图章工具属性栏

该工具属性栏中的"对齐"复选框用于对整个取样区域仅对齐一次，即使操作由于某种原因而停止，当再次使用该工具操作时，仍可以从上次结束操作时的位置开始，直到再次取样；若取消选中该复选框，则每次停止操作后再进行操作时，必须重新取样。

4.5.5　图案图章工具

图案图章工具可以复制定义好的图案，它能在目标图像上连续绘制出选定区域的图像，其属性栏如图 4-52 所示。

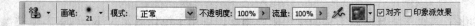

图 4-52　图案图章工具属性栏

该工具属性栏中的"画笔"选项用于设置绘图时使用的画笔类型；在"模式"下拉列表框中可以选择各种混合模式；"流量"数值框用于设置扩散速度；取消选中"对齐"复选框，进行多次复制操作会得到图像的层叠效果；"印象派效果"复选框用于设置绘制图案的效果，选中该复选框，使用图案图章工具创建的图像将具有印象主义艺术效果。

4.6　修　补　工　具

　　在处理图像时，对于图片中一些不满意的部分可以使用修复和修补工具进行修改或复原。Photoshop CS6 的修饰功能应用很广泛，可以对人物面部的雀斑、疤痕等进行处理，而且还可以对闪光拍照留下的红眼进行修饰。

4.6.1　污点修复画笔工具

　　使用污点修复画笔工具可以快速移去照片中的污点和不理想的部分。污点修复画笔工具的工作方式与修复画笔工具类似：使用图像或图案中的样本像素进行绘画，并将样本像素的纹理、光照、透明度和阴影与所修复的像素相匹配。与修复画笔工具不同的是：污点修复画笔工具不需要用户指定样本点，将自动从修饰区域的周围取样，其属性栏如图 4-53 所示。

图 4-53　污点修复画笔工具属性栏

　　选中该工具属性栏中的"近似匹配"单选按钮，可使用选区边缘周围的像素来查找要用作选定区域修补的图像区域；选中"创建纹理"单选按钮，可使用选区中的所有像素创建一个用于修复该区域的纹理。

　　运用污点修复画笔工具对图像进行修复前后的效果如图 4-54 所示。

图 4-54　运用污点修复画笔工具对图像进行修复前后的效果

4.6.2　修复画笔工具

　　修复画笔工具可用于校正图像中的瑕疵。修复画笔工具与仿制图章工具一样，可以使用图像或图案中的样本像素来绘画。但修复画笔工具还可将样本像素的纹理、光照和阴影与源像素进行匹配，从而使修复后的像素不留痕迹地融入图像的其余部分，其属性栏如图 4-55 所示。

图 4-55　修复画笔工具属性栏

该工具属性栏中各主要选项的含义如下：

- 画笔：用于设置画笔大小。
- 模式：用于设置图像在修复过程中的混合模式。
- 取样：选择该单选按钮，按住【Alt】键的同时在图像内单击，即可确定取样点，释放【Alt】键，将鼠标指针移动到需复制的位置，拖动鼠标即可修复图像。
- 图案：用于设置在修复图像时以图案或自定义图案对图像进行图案填充。
- 对齐：用于设置在修复图像时将复制的图案进行对齐。

运用修复画笔工具对图像进行修复前后的效果如图 4-56 所示。

图 4-56　运用修复画笔工具对图像进行修复前后的效果

4.6.3　修补工具

使用修补工具可以用其他区域或图案中的像素来修复选中的区域，与修复画笔工具相同，修补工具会将样本像素的纹理、光照和阴影与源像素进行匹配，还可以使用修补工具来仿制图像的隔离区域，其属性栏如图 4-57 所示。

图 4-57　修补工具属性栏

选择该工具属性栏中的"源"单选按钮，可使用其他区域的图像对所选区域进行修复；选择"目标"单选按钮，可使用所选的图像对其他区域的图像进行修复；单击"使用图案"按钮，可使用目标图像覆盖选定的区域。

4.6.4　红眼工具

红眼工具可以消除照片中的红眼，也可以移除闪光灯拍摄动物照片时的白色或绿色反光，其属性栏如图 4-58 所示。

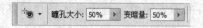

图 4-58　红眼工具属性栏

在该工具属性栏中的"瞳孔大小"数值框中，可通过拖动滑块或在数值框中输入 1%～100% 的整数值，来设置瞳孔（眼睛暗色的中心）的大小；在"变暗量"数值框中，可通过拖动滑块或在数值框中输入 1%～100%的整数值，来设置瞳孔的暗度。

运用红眼工具对图像进行修复前后的效果如图 4-59 所示。

图 4-59　红眼处理前后的效果

4.7　经典案例——绘图工具专项实训

熟练运用工具箱中的绘图工具是学习 Photoshop CS6 的一个重要环节，只有熟练掌握了各种绘图修饰工具的操作技巧，才能在图像编辑处理中做到游刃有余。

【例 4.1】　使用画笔绘制碎步剪影

制作效果：

本案例通过画笔随意绘制图形，然后渐变填充，制作碎步剪影效果，如图 4-60 所示。

制作步骤：

（1）按【Ctrl+O】组合键，打开"人物剪影"素材图像，如图 4-61 所示。

图 4-60　碎步剪影效果　　　　　　　　　图 4-61　打开素材

（2）新建图层。设置不同的前景色并使用画笔工具　在图层上随意绘制，然后按【Ctrl】键单击人物剪影图层，载入选区，如图 4-62 所示。

（3）选择"选择"→"反选"命令，反选选区，然后删除选区内容，效果如图 4-63 所示。

（4）按【Ctrl+O】组合键，打开"碎片"素材图像（见图 4-64），选择移动工具　，将其移动至图 4-65 所示位置。

（5）按【Ctrl+T】组合键，调整碎片层大小（见图 4-66），然后按【Enter】键确认。

（6）选择"选择"→"色彩范围"命令，弹出"色彩范围"对话框，在对话框中设置"选择"为"高光"，如图 4-67 所示，单击"确定"按钮，选择白色部分，效果如图 4-68 所示。

图 4-62　绘制图形并载入选区

图 4-63　删除效果

图 4-64　"碎片"素材

图 4-65　移动素材

图 4-66　调整碎片层大小

图 4-67　"色彩范围"对话框

图 4-68　选取效果

（7）选择"选择"→"反选"命令，反选选区，然后选择渐变工具 ，单击"点按可编辑渐变"图标，在打开的"渐变编辑器"窗口中选择"色谱"选项（见图 4-69），线性渐变填充，效果如图 4-70 所示。

图 4-69　"渐变编辑器"对话框

图 4-70　渐变填充效果

（8）选择"选择"→"反选"命令，反选选区，然后删除选区内容，并取消选区，效果如图 4-60 所示。

【例 4.2】　载入画笔绘制裂痕

制作效果：

本案例通过载入画笔，绘制人物裂痕效果，如图 4-71 所示。

制作步骤：

（1）按【Ctrl+O】组合键，打开"人物"素材图像，如图 4-72 所示。

（2）选取工具箱中的画笔工具，然后在画布中单击鼠标右键，并在弹出的"画笔预设"选取器中单击 图标，然后在弹出的菜单中选择"载入画笔"命令，选择画笔，如图 4-73 所示。

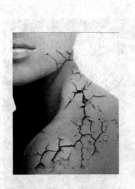

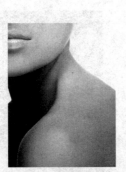

图 4-71　裂痕效果　　　图 4-72　打开素材　　　　　图 4-73　"载入"对话框

（3）新建图层，然后选择上一步载入的裂痕画笔（见图 4-74），接着设置前景色值为（#390c00），在肩膀处绘制裂痕，效果如图 4-75 所示。

（4）选择另一个裂痕画笔，如图 4-76 所示，然后设置前景色值为（#1d0c05），在颈部处绘制裂痕，效果如图 4-77 所示。

图 4-74　载入画笔

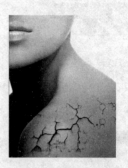

图 4-75　绘制裂痕效果

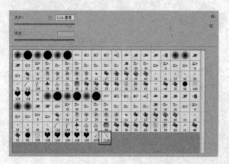

图 4-76　载入画笔

图 4-77　绘制裂痕效果

（5）选取工具箱中的擦除工具，擦除超出人物区域的裂痕，效果如图 4-71 所示。

【例 4.3】　精彩画笔

制作效果：
本案例通过设置画笔各参数，绘制丰富多彩的效果，如图 4-78 所示。

制作步骤：
（1）按【Ctrl+O】组合键，打开素材图像，如图 4-79 所示。

图 4-78　精彩画笔效果图

图 4-79　打开素材

（2）选取工具箱中的画笔工具 ，按【F5】键以显示"画笔"调板，设置"画笔笔尖形状"参数，如图 4-80 所示。

（3）在"画笔"调板左侧的"动态参数区"中选中"形状动态"复选框，并按照图 4-81 所示进行参数设置。

（4）按照上一步的方法，分别对"散布"（见图 4-82）、"纹理"（见图 4-83）、"颜色动态"（见图 4-84）、"传递"（见图 4-85）选项进行设置。

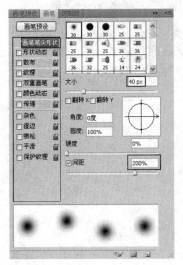

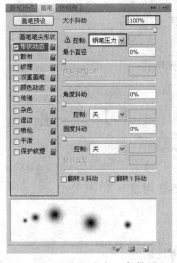

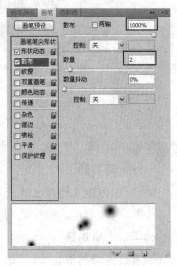

图 4-80 "画笔笔尖形状"参数设置　　图 4-81 "形状动态"参数设置　　图 4-82 "散布"设置

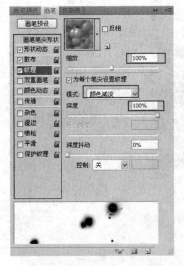

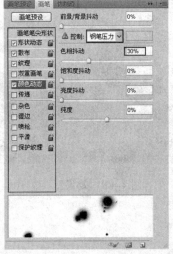

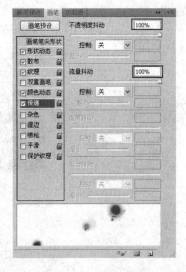

图 4-83 "纹理"设置　　　　图 4-84 "颜色动态"设置　　　　图 4-85 "传递"设置

（5）新建图层。设置前景色颜色值为（#FF0000），使用画笔工具 在图像中任意拖动，直至得到类似图 4-86 所示的效果。

（6）单击"图层"调板，设置"图层 1"的混合模式为"颜色减淡"（见图 4-87），效果如图 4-78 所示。

图 4-86　画笔绘制效果

图 4-87　设置图层模式

习　　题

一、简答题

1. 如何设置绘图工具的不透明度？

2. 如何创建、删除笔刷？

二、上机操作

用画笔绘制图 4-88 所示的效果图。

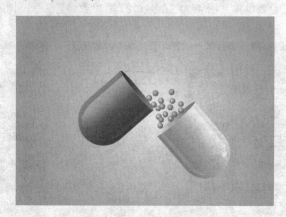

图 4-88　效果图

第 5 章

路径、形状的绘制与应用

Photoshop 提供了形状、路径绘制与文字输入功能。要创建形状，可使用"钢笔""矩形""圆角矩形""椭圆""多边形"和"直线"等工具。此外，系统本身还提供了大量的自定义形状，供用户随时选用。绘制形状时，用户还可以随时利用形状编辑工具来编辑形状。

路径与形状类似，其绘制编辑方法都相同，但是，它们的管理和使用方法是不一样的。路径被保存在路径层中，用户可对路径进行填充、描边等操作，并且可将选区转换为路径或将路径转换为选区等。

本章重点与难点

◎ 绘制路径；

◎ 编辑路径；

◎ 应用路径。

5.1 认 识 路 径

路径由直线或曲线线段构成，用锚点来标记路径线段的端点。在曲线上，每个选中的锚点显示一条或两条方向线，方向线以控制柄结束；方向线和控制柄的位置决定了曲线段的大小和形状，移动这些元素将会改变路径中曲线的形状，如图 5-1 所示。

图 5-1 路径

在绘制一系列平滑曲线时，一次绘制一条曲线，并将锚点置于每条曲线的起点和终点，而不是曲线的顶点。

路径可以是闭合的，即没有起点或终点，如一个圆形路径；也可以是开放的，即有明显的起点和终点，如一条波浪线，如图 5-2 所示。

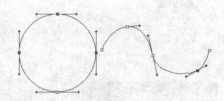

图 5-2　绘制的不同路径

下面将举例对路径工具加以说明：

（1）选择"文件"→"新建"命令，新建文件。

（2）选择钢笔工具 ✐，然后移动鼠标指针至图像窗口下方单击，可以制作出路径的开始点，如图 5-3 所示，即路径的第一个锚点。

（3）移动鼠标指针至图像上方单击并拖动鼠标，此时绘制的曲线如图 5-4 所示。

创建第一个锚点

图 5-3　创建第一个锚点　　　　　　　　　　图 5-4　拖动鼠标效果

（4）将鼠标指针移到开始点上单击以封闭路径，就完成了"苹果"路径的基本轮廓，如图 5-5 所示。

（5）接着需要对整个路径进行调整，以完成一个完美的路径，如图 5-6 所示。

图 5-5　完成"苹果"基本轮廓　　　　　　　图 5-6　调整效果

5.2　绘　制　路　径

路径没有锁定图像的背景像素，所以很容易调整、选择和移动，同时，路径也可以存储并输出到其他程序中。路径不同于 Photoshop CS6 描绘工具创建的任何对象，也不同于 Photoshop CS6 选框工具创建的选区。

创建路径最常用的办法就是使用钢笔工具和自由钢笔工具。钢笔工具可以和"路径"调板协调使用。通过"路径"调板可以对路径进行描边、填充及转变成选区。

5.2.1　运用钢笔工具绘制路径

钢笔工具是绘制路径的基本工具，使用该工具可以创建直线或平滑的曲线。

选择工具箱中的钢笔工具，其属性栏如图 5-7 所示。

图 5-7　钢笔工具属性栏

该工具属性栏中各主要选项的含义如下：

- “形状图层”按钮：单击该按钮，可创建一个形状图层。在图像窗口中创建路径时会同时建立一个形状图层，并在闭合的路径区域内填充前景色（见图 5-8）或设定样式。

- “样式”图标：单击其右侧的下三角按钮，弹出“样式选项”调板，在其中选择任意一项，即可将该样式应用到当前绘制的图形中。

- “路径”按钮：单击该按钮，在图像窗口创建路径。

- “填充像素”按钮：单击该按钮，可在当前工作图层上绘制出一个由前景色填充的形状（该按钮对钢笔工具无效）。

图 5-8　运用钢笔工具绘制的形状图层

- “自动添加/删除”复选框：选中该复选框，可以自动添加或删除锚点；若取消选中该复选框，则只能绘制路径，不能添加或删除锚点。

- “合并”按钮：可以将新区域添加到重叠路径区域。

- “减去顶层形状”按钮：可将新区域从重叠路径区域减去。

- “与形状区域相交”按钮：将路径限制为新区域和现有区域的交叉区域。

- “排除重叠形状”按钮：从合并路径中排除重叠区域。

5.2.2　运用自由钢笔工具绘制路径

自由钢笔工具用于随意绘图，如同用铅笔在纸上绘图一样。在绘制路径时，系统会自动在曲线上添加锚点，绘制完成后，可以进一步对其进行调整，其属性栏如图 5-9 所示。

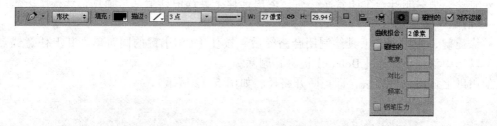

图 5-9　自由钢笔工具属性栏

该工具属性栏中部分选项的功能和钢笔工具属性栏中选项功能一样，在此不再赘述，下面将介绍其他选项的功能：

- “曲线拟合”数值框：在该数值框中输入 0.5～10.0 像素的数值，设置的数值越大，创建的路径锚点越少，路径越简单。

- "磁性的"复选框：选中该复选框，"宽度"、"对比"和"频率"选项将被激活，如图 5-10 所示。

其中"宽度"参数可以控制自由钢笔工具捕捉像素的范围，取值范围为 1～256 的整数；"对比"参数可以控制自由钢笔工具捕捉像素的范围，取值范围为 1%～100%；"频率"参数可以控制自由钢笔工具的锚点，其取值范围为 0～100 的整数，锚点越大，产生的锚点密度就越大。

图 5-10 "自由钢笔选项"
下拉调板

5.3 编 辑 路 径

对用户来说，初步绘制的路径可能不符合设计的要求，需要对路径做进一步编辑和调整。在实际工作中，编辑路径主要包括添加、删除、选择、移动及复制路径等操作。

5.3.1 添加和删除锚点

选择工具箱中的添加锚点工具 ，可以在现有的路径上单击以添加锚点；选择工具箱中的删除锚点工具 ，可以在现有的锚点上单击以删除锚点。如果在钢笔工具属性栏中选中"自动添加/删除"复选框，则可直接在路径上添加和删除锚点。按住【Alt】键的同时在路径或锚点上单击，可在添加描点工具和删除锚点工具之间切换。

5.3.2 连接和断开路径

下面介绍连接和断开路径的操作方法。

1. 连接路径

使用钢笔工具绘制路径后，有可能对绘制的路径不满意，需要在其后继续绘制路径。此时可将鼠标指针移动到路径线段的末端，当鼠标指针呈 形状时单击路径的末端锚点，即可连接路径，如图 5-11 所示。

2. 断开路径

断开路径有以下两种方法：

- 命令：当绘制好一个闭合路径后，运用选择工具选中其上某一锚点，选择"编辑"→"清除"命令。
- 快捷键，使用钢笔工具绘制闭合路径后，按住【Ctrl】键的同时单击其上任意锚点，以选中该锚点，按【Delete】键将其删除。

使用以上任何一种方法，即可断开路径，如图 5-12 所示。

图 5-11 连接路径

图 5-12 断开路径

5.3.3　复制路径

选择路径后便可以对其进行复制，以提高工作效率。

复制路径有以下 6 种方法：

- 调板菜单：单击"路径"调板右上角的下三角按钮，在弹出的下拉菜单中选择"复制路径"命令，将弹出"复制路径"对话框，如图 5-13 所示，单击"确定"按钮，即可复制路径。
- 快捷菜单：在"路径"调板中，选择当前路径图层，右击，在弹出的快捷菜单中选择"复制路径"命令，如图 5-14 所示，也将弹出"复制路径"对话框。
- 鼠标 + 按钮：在"路径"调板中，在路径图层上按住鼠标左键并拖动到调板底部的"创建新路径"按钮上，即可完成复制操作。
- 快捷键：选中需要复制的路径，可以按【Ctrl+C】组合键，复制路径，按【Ctrl+V】组合键，粘贴复制的路径。

图 5-13　"复制路径"对话框

图 5-14　快捷菜单

- 快捷键 + 鼠标 1：在直接选择工具状态下，选中路径，鼠标指针呈 ▲+ 形状，按住【Alt】键的同时拖动鼠标，即可复制所选择的路径。
- 快捷键 + 鼠标 2：在钢笔工具状态下，选中路径后，可以按【Ctrl+Alt】组合键并拖动路径以进行复制。

5.3.4　变换路径

在路径中要变换路径的大小和形状，可以用变换路径来完成，使图像效果更加完美。变换路径有以下 4 种方法：

- 命令：选择"编辑"→"自由变换"命令。
- 快捷键：按【Ctrl+T】组合键。
- 复选框：在路径选择工具属性栏中选中"显示定界框"复选框，并在路径上单击，即可显示变换控制框及其属性栏，如图 5-15 所示。
- 快捷菜单：选择路径选择工具，在路径中右击，在弹出的快捷菜单中选择"自由变换路径"命令，如图 5-16 所示。

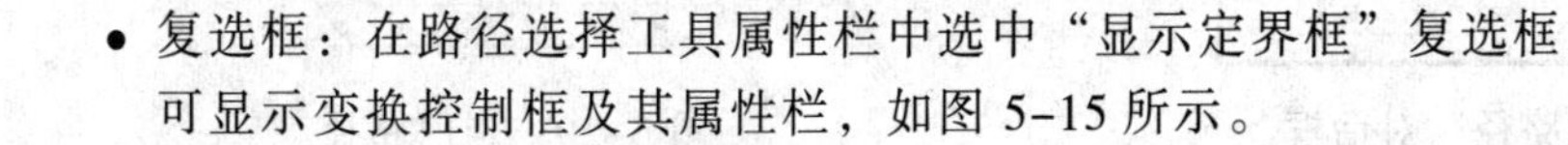

图 5-15　变换路径属性栏

图 5-16　快捷菜单

自由变换路径并填充颜色后的效果如图 5-17 所示。

图 5-17　自由变换路径并填充颜色

5.3.5　存储和删除路径

创建路径后，可以将其保存起来。存储路径时可以为该路径命名，也可以由它创建一个剪贴路径。

1．存储路径

存储路径有以下两种方法：

- 按钮：在"路径"调板中拖动工作路径到"创建新路径"按钮上，当按钮呈凹下状态时释放鼠标，即可将工作路径存储并自动命名，如图 5-18 所示。

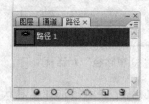

图 5-18　存储路径

- 调板菜单：单击"路径"调板右上角的下三角按钮，在弹出的调板菜单中选择"存储路径"命令，可弹出"存储路径"对话框，如图 5-19 所示。用户可以根据需要为路径命名，单击"确定"按钮，即可将工作路径存储起来，如图 5-20 所示。

图 5-19　"存储路径"对话框　　　　　　图 5-20　当前路径

2．删除路径

删除路径有以下 7 种方法：

- 快捷菜单 1：在"路径"调板中的当前工作路径处右击，在弹出的快捷菜单中选择"删除路径"命令，即可删除路径，如图 5-21 所示。
- 快捷菜单 2：选择需要删除的路径，在图像编辑窗口中路径处右击，在弹出的快捷菜单中选择"删除路径"命令。
- 按钮：在"路径"调板中，选择需要删除的路径为当前工作路径，单击调板底部的"删除当前路径"按钮，弹出提示信息框，单击"是"按钮即可。

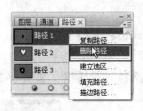

图 5-21　快捷菜单"删除路径"命令

- 调板菜单：在"路径"调板中，单击右侧的下三角按钮，在弹出的下拉菜单中选择"删除路径"命令，即可删除所选择的路径，如图 5-22 所示。

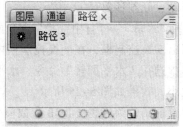

图 5-22　下拉菜单"删除路径"命令

- 命令：选择"编辑"→"清除"命令。
- 快捷键+按钮：按住【Alt】键的同时，单击"路径"调板底部的"删除当前路径"按钮，即可快速删除当前的工作路径。
- 快捷键：在图像窗口中选择所要删除的路径，直接按【Delete】键。

5.4　应用路径

路径的应用主要是指在一个路径绘制完成后，可以将其转换为选区并应用，或者可以直接对其进行填充及描边等操作，使其产生一些特殊的效果。

5.4.1　填充路径

填充路径必须在普通图层中进行，系统会使用前景色填充闭合路径包围的区域。对于开放路径，系统会使用最短的直线先将路径闭合之后再进行填充。

填充路径有以下 5 种方法：
- 按钮：在图像窗口中选择需要填充的路径，单击"路径"调板底部的"用前景色填充路径"按钮，即可填充前景色。
- 鼠标拖动+按钮；在"路径"调板中，选择需要填充的路径，将其拖动至调板底部的"用前景色填充路径"按钮上。
- 快捷菜单：在图像编辑窗口中选择需要填充的路径，右击，在弹出的快捷菜单中选择"填充路径"命令。
- 鼠标+按钮：选择需要填充的路径，按住【Alt】键的同时，单击"路径"调板底部的

"用前景色填充路径"按钮。

- 调板菜单：选择需要填充的路径，单击调板右侧的下三角按钮，在弹出的调板菜单中选择"填充路径"命令。

使用后面三种操作方法，都将弹出"填充路径"对话框，如图 5-23 所示。

举例说明填充路径：

（1）按【Ctrl+O】组合键，打开一幅熊猫路径素材，如图 5-24 所示。

（2）选择工具箱中的路径选择工具，在图像编辑窗口中的路径上，按住【Alt】键，鼠标指针呈 形状，按住鼠标左键并拖动，复制该路径。

（3）选择"编辑"→"自由变换"命令或者按【Ctrl+T】组合键，调出变换控制框，在变换控制框内右击，在弹出的快捷菜单中选择"水平翻转"命令，水平翻转路径并缩放至合适大小，效果如图 5-25 所示。

图 5-23 "填充路径"对话框

（4）设置前景色为红色（RGB 参数值分别为 255、0、0），单击"路径"调板底部的"用前景色填充路径"按钮，填充路径颜色，并隐藏路径，效果如图 5-26 所示。

图 5-24 熊猫路径素材　　　图 5-25 复制路径调整效果　　　图 5-26 用前景色填充路径

5.4.2　描边路径

描边路径是对已绘制完成的路径边缘进行描边。

描边路径有以下 4 种方法：

- 单击"路径"调板底部的"用画笔描边路径"按钮，即可对路径进行描边。
- 选择工具箱中的路径选择工具或直接选择工具，在图像窗口中右击，在弹出的快捷菜单中选择"描边路径"命令，弹出"描边路径"对话框，在该对话框中的"工具"下拉列表框中选择一种需要的工具，单击"确定"按钮，即可使用所选择的工具对路径进行描边。
- 单击"路径"调板右上角的下三角按钮，在弹出的调板菜单中选择"描边路径"命令，将弹出"描边路径"对话框。
- 按住【Alt】键的同时，单击"路径"调板底部的"用画笔描边路径"按钮，将弹出"描边路径"对话框。

举例说明描边路径：

（1）选择工具箱中的钢笔工具，绘制一个大象路径，如图 5-27 所示。

（2）单击工具箱中的"前景色"图标，在弹出的"拾色器"对话框中，设置"颜色"为蓝色（RGB 参数值分别为 0、0、255）。

（3）按住【Alt】键的同时，单击"路径"调板底部的"用画笔描边路径"按钮，弹出"描边路径"对话框，如图 5-28 所示。

图 5-27　绘制的大象路径

图 5-28　"描边路径"对话框

（4）单击"工具"下三角按钮，在弹出的下拉列表框中选择"铅笔"选项，如图 5-29 所示。

（5）单击"确定"按钮，对路径进行描边的操作，按【Enter】键隐藏路径，效果如图 5-30 所示。

图 5-29　弹出下拉列表框

图 5-30　描边路径

5.4.3　将路径转换为选区

在 Photoshop CS6 中可以将创建的路径转换为选区，有以下 7 种方法：

- 快捷键：按【Ctrl+Enter】组合键，可以将当前路径转换为选择区域状态。如果所选路径是开放路径，那么转换成的选区将是路径的起点和终点连接起来而形成的闭合区域。
- 按钮：单击"路径"调板底部的"将路径作为选区载入"按钮，即可将当前路径转换为选区。
- 缩览图：按住【Ctrl】键的同时，单击"路径"调板中的路径缩览图，也可以将选区载入到图像中。
- 调板菜单：在"路径"调板中选择需要的路径，单击右上角的下三角按钮，在弹出的调板菜单中选择"建立选区"命令，弹出"建立选区"对话框，如图 5-31 所示。设置所需的选项，单击"确定"按钮。
- 快捷键+按钮：按住【Alt】键的同时，单击"路径"调板底部的"将路径作为选区载入"按钮，弹出"建立选区"对话框。
- 快捷菜单 1：在"路径"调板中的路径图层上右击，在弹出的快捷菜单中选择"建立选区"命令。
- 快捷菜单 2：绘制好路径后，在图像编辑窗口中右击，在弹出的快捷菜单中选择"建立选区"命令，弹出"建立选区"对话框。

在该对话框中可以设置"羽化半径"值，用来定义羽化边缘在选区边框内外的伸展距离；选中"消除锯齿"复选框，可以定义选区中的像素与周围像素之间精细的过渡，单击"确定"按钮，即可将路径转换为选区，如图 5-32 所示。

图 5-31 "建立选区"对话框

图 5-32 路径转换为选区

5.4.4 将选区转换为路径

将选区转换为路径有以下 4 种方法：
- 按钮：单击"路径"调板底部的"从选区生成工作路径"按钮，则可将当前选择区域转换为路径状态。
- 快捷菜单：单击"路径"调板右上角的下三角按钮，在弹出的快捷菜单中选择"建立工作路径"命令（见图 5-33），弹出"建立工作路径"对话框，如图 5-34 所示。设置所需的参数，单击"确定"按钮即可。
- 快捷键 + 按钮：按住【Alt】键的同时，单击"路径"调板底部的"从选区生成工作路径"按钮，将弹出"建立工作路径"对话框。
- 快捷键：在图像编辑窗口中右击，在弹出的快捷菜单中选择"建立工作路径"命令。

图 5-33 "建立工作路径"命令

图 5-34 "建立工作路径"对话框

5.5　创建路径形状

要创建路径形状，不仅可以使用工具箱中的钢笔工具，还可以使用工具箱中的矢量图形工具。

在默认情况下，工具箱中的矢量图形工具显示按钮是矩形工具，在该按钮上右击，可弹出其复合工具组，如图 5-35 所示。

矢量图形工具由矩形工具、圆角矩形工具、椭圆工具、多边形工具、直线工具和自定形状工具 6 种工具组成，通过这几种工具可以方便地绘制常见的图形。

图 5-35　弹出的复合工具组

5.5.1　运用矩形工具绘制路径形状

使用矩形工具可以绘制各种矩形和正方形。

1．矩形路径

使用矩形工具可以绘制出矩形形状的图形或者路径，其属性栏如图 5-36 所示。

图 5-36　矩形工具属性栏

该工具属性栏中的各主要选项含义如下：

- 不受约束：选中该单选按钮，可以绘制各种路径、形状或图形，并且其大小和宽高比例不受限制。
- 方形：选中该单选按钮，可以绘制出不同大小的正方形。
- 固定大小：选中该单选按钮，可以在其左侧的 W 和 H 数值框中输入适当的数值来定义形状、路径或图形的宽度与高度。
- 比例：选中该单选按钮，在其右侧的 W 和 H 数值框中输入适当的数值可以定义矩形的宽度和高度的比例。
- 从中心：选中该复选框，可以从中心向外放射性地绘制形状、路径或图形。取消选中该复选框，则以鼠标指针的起点为矩形的一个顶点。
- 对齐像素：选中该复选框，可以使矩形的边缘无锯齿现象。

2．圆角矩形路径

选择工具箱中的圆角矩形工具，其属性栏比矩形工具属性栏多出一个"半径"数值框选项，如图 5-37 所示。

图 5-37　圆角矩形工具属性栏

该工具属性栏中的"半径"数值框用于设置圆角半径的大小，半径值越大，得到的矩形边就越圆滑；当数值为 100 时，可绘制椭圆路径。

5.5.2　运用椭圆工具绘制路径形状

椭圆工具属性栏（见图 5-38）设置与圆角矩形一样，所不同的是绘制的形状是椭圆或正圆形。

图 5-38　椭圆工具属性栏

5.5.3　运用多边形工具绘制路径形状

选择工具箱中的多边形工具，其属性栏可以设置"边"的数值，即多边形的边数，单击"自定形状工具"选项右侧的下三角按钮，弹出"多边形选项"下拉调板，如图 5-39 所示。

图 5-39　多边形工具属性栏

该工具属性栏中的各主要选项含义如下：
- 半径：设置多边形半径的数值。
- 平滑拐角：用于设置多边形的边角为圆角，如图 5-40 所示。
- 星形：选中该复选框，可以绘制星形，如图 5-41 所示。
- 缩进边依据：用于设置多边形边缘的收缩，其取值范围为 1%～99%，图 5-42 所示为不同数值时的星形效果。
- 平滑缩进：光滑设置好的收缩边缘，如图 5-43 所示。

正常情况下，使用多边形工具绘制的多边形如图 5-44 所示。

图 5-40　平滑拐角

图 5-41　绘制的星形

（a）数值为 50 时的效果　　（b）数值为 80 时的效果

图 5-42　不同数值时绘制的星形

图 5-43　平滑缩进

图 5-44　绘制的多边形

5.5.4　运用直线工具绘制路径形状

选择直线工具 ＼ 后，其工具属性栏如图 5-45 所示。利用该属性栏可设置所绘制直线的宽度，以及是否带前、后箭头及箭头的宽度、长度与凹度。

该工具属性栏中的主要选项含义如下：

- 粗细：用于设置线段的粗细。
- 起点：为线段的起始位置加入箭头。
- 终点：为线段的终止位置加入箭头。
- 宽度/长度：用于指定箭头的比例，其取值范围为 10%～1000%。
- 凹度：用于设置箭头尖锐程序，其取值范围为-50%～50%。

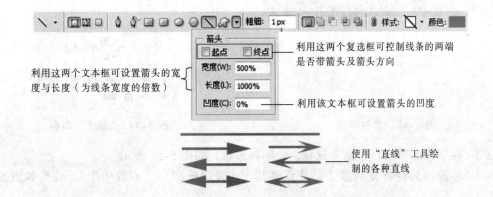

图 5-45　直线工具属性栏及绘制的各种直线效果

5.5.5　运用自定形状工具绘制路径形状

使用自定形状工具可以在图像编辑窗口中绘制一些图形和定义的形状。

选择工具箱中的自定形状工具，单击工具属性栏"形状"右侧的下三角按钮，弹出"形状"调板，如图 5-46 所示。

将鼠标指针移至"形状"调板的右下角，鼠标指针将呈 形状，按住鼠标左键并拖动，即可随意调整调板的大小和位置，然后单击调板右上角的下三角按钮，在弹出的调板菜单中选择"全部"命令，在弹出的提示信息框中单击"确定"按钮或"追加"按钮，即可载入所有的形状，如图 5-47 所示。

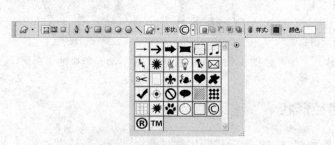

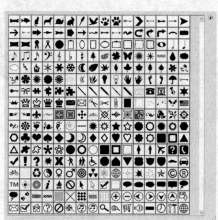

图 5-46　自定形状工具属性栏　　　　　图 5-47　载入全部形状

举例说明形状运用：

（1）按【Ctrl+O】组合键，打开一幅素材图像，如图 5-48 所示。

（2）新建图层，选择工具箱中的自定形状工具，在"形状"调板中选择图 5-49 所示的"八分音符"形状。

图 5-48　素材图像　　　　　　　图 5-49　"形状"调板

（3）在图像编辑窗口中拖动鼠标，绘制该形状，如图 5-50 所示。

（4）将绘制的音符复制多个，并调整其大小及降低图层"不透明度"，效果如图 5-51 所示。

（5）用同样方法制作其他音符，效果如图 5-52 所示。

图 5-50　绘制形状

图 5-51　复制形状效果

图 5-52　制作其他音符

（6）按【Ctrl+O】组合键，打开一幅素材图像，将其调入图像中，调整其大小及位置，效果如图 5-53 所示。

（7）选择横排文字工具 T，在图像窗口中输入文字，效果如图 5-54 所示。

图 5-53　调入素材

图 5-54　最终效果

5.6　经典案例——路径工具专项实训

路径是使用形状或钢笔工具绘制的直线或曲线，是矢量图形。因此无论是缩小或者放大图像都不会影响其分辨率和平滑程度，均会保持清晰的边缘。

【例 5.1】　电视广告

制作效果：

本案例通过钢笔工具创建选区，然后通过复制、粘贴操作制作广告效果，如图 5-55 所示。

制作步骤：

（1）按【Ctrl+O】组合键，打开"电视机"、"冲浪"素材图像，如图 5-56 所示。

图 5-55　电视广告效果

图 5-56　打开的素材图片

（2）将"电视机"文件设置为当前图像窗口，选择钢笔工具 ⬚，在其工具属性栏中选择 路径 选项，然后沿着电视机的外缘绘制路径，如图 5-57（左）所示，然后按【Ctrl+Enter】组合键将路径转换为选区，复制选区内容，将其粘贴到冲浪素材图像中，如图 5-58 所示。

（3）选择钢笔工具 ⬚，在其工具属性栏中选择 路径 选项，然后沿着电视机的内缘绘制路径，如图 5-59 所示，然后按【Ctrl+Enter】组合键将路径转换为选区，删除选区内容，效果如图 5-55 所示。

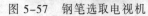

图 5-57　钢笔选取电视机　　　　图 5-58　粘贴效果　　　　图 5-59　创建电视内框选区

【例 5.2】　花样相框

制作效果：

本案例通过形状工具创建相框，然后通过图层样式制作相框效果，如图 5-60 所示。

操作步骤：

（1）按【Ctrl + O】组合键，分别打开背景素材和人物素材图像，如图 5-61 所示。

图 5-60　花样相框效果　　　　　　　　图 5-61　素材图像

（2）确认背景素材图像为当前编辑图像，选取工具箱中的自定形状工具，在"形状"调板中选择图 5-62 所示的形状。

（3）在图像编辑窗口中拖动鼠标，绘制该形状，如图 5-63 所示。

（4）单击"窗口"→"样式"命令，弹出"样式"调板，选取图 5-64 所示的样式。

（5）在"图层"调板底部的灰色底板空白处单击鼠标左键，将路径隐藏，效果如图 5-65 所示。

（6）确认人物素材为当前工作图层；选取工具箱中的移动工具，将人物素材拖动至背景素材图像窗口中，按【Ctrl + T】组合键，调出变换控制框，将图像缩放至合适大小及位置，效果如图 5-66 所示。

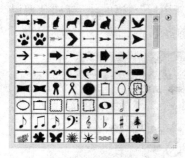

图 5-62 选择形状

图 5-63 绘制形状

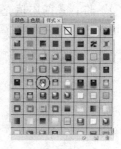

图 5-64 "样式"调板

图 5-65 图像效果

图 5-66 调整人物素材效果

（7）按【Ctrl+〔】组合键，将其调至"形状 1"图层的下方，效果如图 5-60 所示。

【例 5.3】 心相印

制作效果：

本案例首先运用自定形状工具绘制心形，然后通过设置画笔并运用画笔描边路径，制作心形，效果如图 5-67 所示。

制作步骤：

（1）选择"文件"→"新建"命令，在弹出的"新建"对话框中设置"名称"为"心相连"，"宽度"为 600 像素，"高度"为 600 像素，"分辨率"为 72 像素/英寸，"颜色模式"为"RGB 颜色"，"背景内容"为白色，如图 5-68 所示。设置完成后单击"确定"按钮，创建一个新文件。

图 5-67 心相印效果图

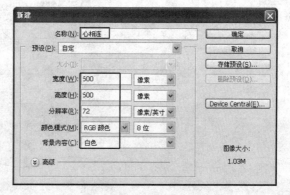

图 5-68 "新建"对话框

（2）将背景图层填充黑色，单击"图层"调板中的"创建新图层"按钮，新建"图层1"。选择自定形状工具，在其属性栏中设置如图 5-69 所示的参数。

图 5-69　自定形状

（3）在窗口中绘制心形，效果如图 5-70 所示。

（4）选择添加锚点工具，在心形右边的路径上，添加两个距离很短的锚点（见图 5-71），然后选择直接选择工具，单击刚才添加的两个锚点中间的路径，按【Delete】键删除，如图 5-72 所示。

图 5-70　绘制心形　　　　图 5-71　添加锚点　　　　图 5-72　删除路径

（5）选择工具箱中的画笔工具，按【F5】键以显示"画笔"调板，设置"画笔笔尖形状"参数如图 5-73 所示。

（6）在"画笔"调板左侧的动态参数区中选中"形状动态"复选框，并按照图 5-74 所示进行参数设置。

（7）在"画笔"调板左侧的动态参数区中选中"散布"复选框，并按照图 5-75 所示进行参数设置。

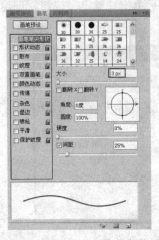
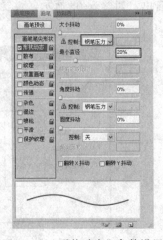

图 5-73　"画笔笔尖形状"参数设置　　图 5-74　"形状动态"参数设置　　图 5-75　"散布"参数设置

（8）在画笔工具属性栏中将其"流量"设置为 80%（见图 5-76），设置前景色为白色，选择钢笔工具 ，在视图窗口中右击，在弹出的快捷菜单中选择"描边路径"命令，如图 5-77 所示。

图 5-76　"流量"设置

（9）然后在"描边路径"对话框中选择"画笔"选项并选中"模拟压力"复选框，如图 5-78 所示。

图 5-77　"描边路径"命令　　　　　　图 5-78　"描边路径"对话框

（10）第一次描边稍微有点淡（见图 5-79），重复描边多次，增强描边效果，如图 5-80 所示。

（11）单击"路径"调板中的"删除当前路径"按钮 ，删除当前路径，如图 5-81 所示。

图 5-79　第一次描边效果　　　图 5-80　重复描边效果　　　图 5-81　删除路径

（12）按【Ctrl+T】组合键，调整心形位置，如图 5-82 所示。

（13）按【Enter】键确认变形，然后复制心形并调整其位置。

（14）选择工具箱中的画笔工具 ，按【F5】键以显示"画笔"调板，设置"画笔笔尖形状"参数，如图 5-83 所示，然后在心形下面和周围加一些不规律的小点，效果如图 5-84 所示。

（15）将心形图层合并为一层，然后单击"图层"调板中的"创建新图层"按钮 ，新建图层，选择渐变工具 ，单击"点按可编辑渐变"图标，在打开的"渐变编辑器"窗口中选择"色谱"选项（见图 5-85），线性渐变填充，效果如图 5-86 所示。

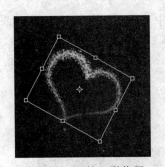

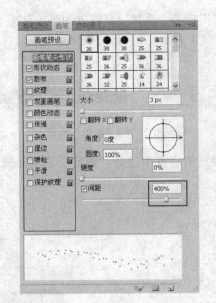

图 5-82　调整心形位置　　图 5-83　"画笔笔尖形状"参数设置　　图 5-84　添加不规律小点

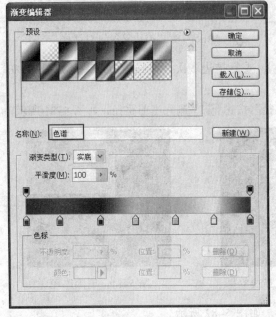

图 5-85　"渐变编辑器"窗口　　　　　图 5-86　渐变填充

（16）按住【Ctrl】键，单击心形图层，将其作为选区载入，选择"选择"→"反向"命令，反选选区，按【Delete】键删除选区内容，如图 5-87 所示。

（17）按【Ctrl+D】组合键，取消选区，单击"图层"调板，设置"图层 2"的混合模式为"柔光"，如图 5-88 所示。

（18）颜色太淡，将图层 2 复制，效果如图 5-89 所示。

（19）按【Ctrl+O】组合键，打开素材图像，如图 5-90 所示，将制作好的心相印图像调入素材图像，效果如图 5-67 所示。

图 5-87　删除选区内容

图 5-88　设置图层模式

图 5-89　复制图层效果

图 5-90　素材

【例 5.4】　超炫光环

制作效果：

本案例首先运用钢笔工具绘制路径，通过设置画笔并运用画笔描边路径，制作效果如图 5-91 所示。

制作步骤：

（1）按【Ctrl+O】组合键，打开素材图像，如图 5-92 所示。

（2）单击"图层"调板中的"创建新图层"按钮 🔲，新建"图层 1"。选择钢笔工具 ✍，在图像编辑窗口中单击，绘制一条曲线路径，如图 5-93 所示。

图 5-91　超炫光环

图 5-92　素材图像

图 5-93　绘制路径

（3）选择转换点工具 ，调整曲线如图 5-94 所示。

（4）选择工具箱中的画笔工具 ，按【F5】键以显示"画笔"调板，设置"画笔笔尖形状"参数，如图 5-95 所示。

（5）在"画笔"调板左侧的动态参数区中选中"形状动态"复选框，并按照图 5-96 所示进行参数设置。

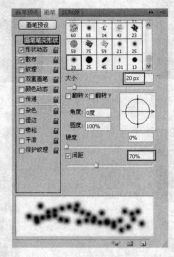
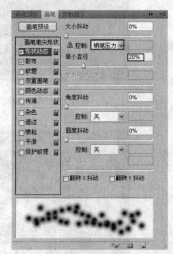

图 5-94　调整曲线　　图 5-95　"画笔笔尖形状"参数设置　图 5-96　"形状动态"参数设置

（6）在"画笔"调板左侧的动态参数区中选中"散布"复选框，并按照图 5-97 所示进行参数设置。

（7）设置前景色为白色，选择钢笔工具 ，在视图窗口中右击，在弹出的快捷菜单中选择"描边路径"命令，如图 5-98 所示。

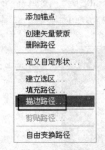

图 5-97　"散布"设置　　　　　　　　图 5-98　"描边路径"命令

（8）在"描边路径"对话框中选择"画笔"选框，并选中"模拟压力"复选框，如图 5-99 所示，单击"确定"按钮，描边路径效果如图 5-100 所示。

（9）单击"路径"调板中的"删除当前路径"按钮 ，删除当前路径，效果 5-101 所示。

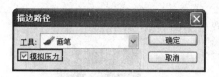

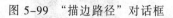

图 5-99　"描边路径"对话框　　　　图 5-100　描边效果　　　　图 5-101　删除路径效果

（10）选择"图层"→"图层样式"→"外发光"命令，在弹出的"图层样式"对话框中进行设置，如图 5-102 所示，单击"确定"按钮，效果如图 5-103 所示。

（11）单击"图层"调板中的"添加矢量蒙版"按钮 ，创建图层蒙版，设置前景色为黑色；选择工具箱中的画笔工具 ，在工具属性栏中设置画笔的大小为 50 像素、"硬度"为0%。然后在图像上进行涂抹，效果如图 5-104 所示。

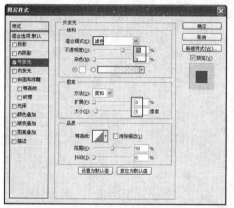

图 5-102　"图层样式"对话框　　　　图 5-103　外发光效果　　　　图 5-104　涂抹效果

（12）应用图层蒙版，然后单击"图层"调板中的"创建新图层"按钮 ，新建图层，选择渐变工具 ，单击"点按可编辑渐变"图标，在打开的"渐变编辑器"窗口中选择"色谱"选项（见图 5-105），线性渐变填充，效果如图 5-106 所示。

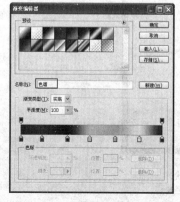

图 5-105　"渐变编辑器"窗口　　　　　　图 5-106　渐变效果

（13）按住【Ctrl】键，单击图层 1，将其作为选区载入（见图 5-107），选择"选择"→"反向"命令，反选选区，按【Delete】键删除选区内容，如图 5-108 所示。

（14）按【Ctrl+D】组合键，取消选区，单击"图层"调板，设置"图层 2"的混合模式为"柔光"，效果如图 5-109 所示。

（15）颜色太淡，将图层 2 复制两层，叠加在一起，效果如图 5-91 所示。

图 5-107　载入选区

图 5-108　删除效果

图 5-109　设置图层模式

习　题

一、简答题

1. 填充路径有哪几种方法？
2. 将路径转换为选区有哪几种方法？
3. 创建路径形状有哪几种方法？

二、上机操作

使用路径工具绘制图 5-110 所示的图像效果。

图 5-110　绘制的形状图形

第 6 章

图像色彩调整

Photoshop 工具的使用是图像编辑时较为重要的内容，而图像色彩和色调更是编辑图像的关键。有效地控制图像色彩和色调，才能制作出高品质的图像。本章主要讲解调整图像色彩和色调的功能。掌握对图像色调和色彩进行调整的技能，才能制作出视觉冲击力强的作品。

本章重点与难点

◎ 图像色彩调整命令；
◎ 特殊用途的色彩调整命令。

6.1 图像色彩调整命令

用户在色调校正完成后，就可以准确测定和诊断图像中色彩的任何问题，如色偏、色彩过饱和或饱和不足等。

系统提供了多种用于调整色彩平衡的命令，如"色彩平衡""色相/饱和度"和"替换颜色"等。因此，根据当前图像情况和希望得到的效果，应首先选择希望实现的色彩平衡命令。

6.1.1 利用"色彩平衡"命令调整色彩平衡

"色彩平衡"命令用于调整图像的总体混合效果。与"亮度/对比度"命令一样，这些命令提供一般化的色彩校正。要想精确地控制单个颜色成分，应使用"色阶""曲线"或专门的色彩校正工具，如"色相/饱和度""通道混合器"或"可选颜色"。

"色彩平衡"命令的使用方法如下：

（1）按【Ctrl+O】组合键，打开素材图像，如图 6-1 所示。

（2）选择"图像"→"调整"→"色彩平衡"命令，弹出"色彩平衡"对话框，设置"色阶"分别为+100、+23、-100，如图 6-2 所示。

> 提 示
>
> "色彩平衡"对话框中主要选项的含义如下：
>
> ● 色彩平衡：拖动"色彩平衡"选项组的三个滑块可调整颜色，或在滑块上方的数值框输入-100～100 的数值来改变颜色的组成。
>
> ● 色调平衡：选中"色调平衡"选项组中的"阴影"、"中间调"或"高光"单选按钮，即选择要着重更改的色调范围。
>
> ● 预览：选中该复选框，可以随时观察调整的图像效果。

（3）单击"确定"按钮，图像调整后的效果如图 6-3 所示。

图 6-1　素材图像

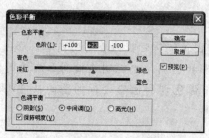
图 6-2　"色彩平衡"对话框

图 6-3　图像效果

6.1.2　利用"色相/饱和度"命令调整色彩平衡

利用"色相/饱和度"命令可调整图像中单个颜色成分的"色相""饱和度"和"明度"。选择"色相/饱和度"命令后，系统将弹出"色相/饱和度"对话框，如图 6-4 所示。用户应首先在该对话框中的"编辑"下拉列表框中选择要调整的像素，其中"全图"选项表示选择所有像素，也可单独选择红色像素、黄色像素等。选择像素后，可用"色相""饱和度"和"明度"三个滑杆调整所选像素的显示。

在"色相/饱和度"对话框中，还有一个"着色"复选框。选中该复选框，可使灰色图像变为单一颜色的彩色图像，使彩色图像变为单一颜色图像。此时，在"编辑"复选框中默认选中"全图"。

下面举例说明该命令的用法。

（1）按【Ctrl+O】组合键，打开素材图像，如图 6-5 所示。

（2）选择"图像"→"模式"→"RGB 颜色"命令，将"灰度"图像模式转变为 RGB 模式，如图 6-6 所示。

（3）选择"图像"→"调整"→"色相/饱和度"命令或按【Ctrl+U】组合键，弹出"色相/饱和度"对话框，选中"着色"复选框，设置"色相"为 0，"饱和度"为+80，"明度"为 0，如图 6-7 所示。

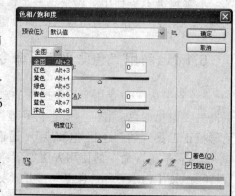
图 6-4　"色相/饱和度"对话框

图 6-5　素材玫瑰花图像

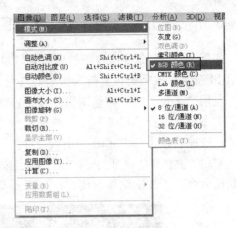

图 6-6　菜单命令

提　示

该对话框中各主要选项的含义如下：

● 编辑：在该下拉列表框中可以选择"全图"选项，这样可以同时调整图像中所有的颜色，也可以对单个颜色部分进行单独调节。

● 色相：用于调整图像的色相。可以在其右侧的数值框中输入数值，其取值范围为-180～180 的整数，或者拖动数值框下方的滑块并将其移动到适合位置。

● 饱和度：用于调整图像的饱和度，可以在其右侧的数值框中输入数值，其数值范围为-100～100 的整数。

● 明度：用于调整图像的明亮程度，可以在其右侧的数值框中输入数值，其取值范围为-100～100 的整数。

● 着色：选中该复选框，则可将图像变成单一颜色的图像。

（4）单击"确定"按钮，效果如图 6-8 所示。

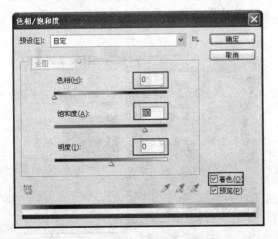

图 6-7　"色相/饱和度"对话框

图 6-8　最终效果

6.1.3 利用"去色"命令去除图像的颜色

使用"去色"命令可以将彩色图像转换为灰度图像，但图像的颜色模式保持不变，例如，为 RGB 图像中的每个像素指定相等的红色、绿色和蓝色值，则每个像素的明度不会改变。

使用"去色"命令调整图像色彩、色调有以下两种方法：

- 命令：选择"图像"→"调整"→"去色"命令。
- 按钮：按【Shift+Ctrl+U】组合键。

利用"去色"命令可去除图像中选定区域或整幅图像的彩色，从而将其转换为灰度图像。但是此命令并不改变图像的模式，如图 6-9 所示。

图 6-9　运用"去色"命令调整图像的前后效果

6.1.4 利用"替换颜色"命令替换颜色

使用"替换颜色"命令可以创建蒙版，以选择图像中的特定颜色，然后替换那些颜色。可以设置选定区域的色相、饱和度和亮度，也可以使用"拾色器"对话框来选择替换颜色。由"替换颜色"命令创建的蒙版是临时性的。

下面举例说明该命令的用法：

（1）按【Ctrl+O】组合键，打开素材图像，如图 6-10 所示。

（2）选择"图像"→"调整"→"替换颜色"命令，弹出"替换颜色"对话框，默认选择的"吸管工具"不变，移动鼠标指针至没成熟荔枝图像处，单击取样颜色，如图 6-11 所示。

图 6-10　素材图像　　　　　　　　图 6-11　"替换颜色"对话框

（3）将"颜色容差"值设置为 200，然后单击替换颜色，设置该颜色为成熟荔枝颜色，设置如图 6-12 所示，单击"确定"按钮，效果如图 6-13 所示。

图 6-12 设置替换颜色

图 6-13 最终效果

6.1.5 利用"通道混合器"命令调整颜色通道

使用"通道混合器"命令，可以使用当前颜色通道的混合器修改颜色通道，但在使用该命令时要选择复合通道，该命令的主要作用如下：

- 进行富有创意的颜色调整，所得的效果是用其他颜色调整工具不易实现的。
- 从每个颜色通道选择不同的百分比来创建高品质的灰度图像。
- 创建高品质的棕褐色调或其他彩色图像。
- 在替代色彩空间中转换图像。
- 交换或复制通道。

下面举例说明该命令的用法。

（1）选择"文件"→"打开"命令或按【Ctrl+O】组合键，打开一幅素材图像，如图 6-14 所示。

（2）选择"图像"→"调整"→"通道混合器"命令，弹出"通道混合器"对话框，设置各项参数，如图 6-15 所示。

（3）单击"确定"按钮，进行色彩调整后的图像效果如图 6-16 所示。

图 6-14 素材图像

图 6-15 "通道混合器"对话框

图 6-16 图像效果

6.2 特殊用途的色彩调整命令

现在让我们看看系统提供的一组特殊用途的色彩调整命令，如"反相""色调均化"、"阈值"和"色调分离"等。尽管这些命令也可以更改图像中的颜色和亮度值，但它们通常用于增强颜色或产生特殊效果，而不用于校正颜色。

6.2.1 利用"反相"命令将图像反相

"反相"命令可以对图像进行反相。该命令是唯一不丢失颜色信息的命令，也就是说，用户可再次执行该命令来恢复源图像。使用"反相"命令可以反转图像中的颜色。在反相图像时，通道中每个像素的亮度值将转换为 256 级颜色值刻度上相反的值。可以使用该命令将一幅黑白正片图像变成负片，或从扫描的黑白负片得到一个正片。

使用"反相"命令调整图像色彩、色调有以下两种方法：

- 命令：选择"图像"→"调整"→"反相"命令。
- 按钮：按【Ctrl+I】组合键。

运用"反相"命令调整图像的前后效果如图 6-17 所示。

图 6-17 运用"反相"命令调整图像的前后效果

6.2.2　利用"色调均化"命令均衡调整图像亮度

使用"色调均化"命令可以重新分布图像中像素的亮度值，以更均匀地呈现所有范围的亮度级。在使用此命令时，系统会将图像中最亮的像素转换为白色，将最暗的像素转换为黑色，其余的像素也相应地进行调整，在应用该命令时，Photoshop CS6 会查找复合图像中最亮和最暗的值并重新映射这些值，以使最亮的值表示白色，最暗的值表示黑色，然后对亮度进行色调均化处理，即可在整个灰度范围内均匀分布中间像素值。

运用"色调均化"命令调整图像的前后效果如图 6-18 所示。

图 6-18　运用"色调均化"命令调整图像的前后效果

6.2.3　利用"阈值"命令将图像转换为黑白图像

使用"阈值"命令可以将灰色或彩色图像转换为较高对比度的黑白图像。用户可以指定阈值，在转换的过程中系统会将所有比该阈值亮的像素转换为白色，将所有比该阈值暗的像素转换为"黑色"。

下面举例说明该命令的用法：

（1）选择"文件"→"打开"命令或按【Ctrl+O】组合键，打开一幅素材图像，如图 6-19 所示。

（2）选择"图像"→"调整"→"阈值"命令，弹出"阈值"对话框，调整阈值，如图 6-20 所示，单击"确定"按钮，最终效果如图 6-21 所示。

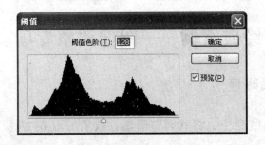

图 6-19　素材图像　　　　图 6-20　"阈值"对话框　　　　图 6-21　最终效果

6.2.4 利用"色调分离"命令调整通道亮度

使用"色调分离"命令可以指定图像中每一个通道的色调级（或亮度值）的数目，将像素映射为最接近的匹配级别。

（1）选择"文件"→"打开"命令或按【Ctrl+O】组合键，打开一幅素材图像，如图 6-22 所示。

（2）选择"图像"→"调整"→"色调分离"命令，弹出"色调分离"对话框，并设置各项参数，如图 6-23 所示。

图 6-22 素材图像

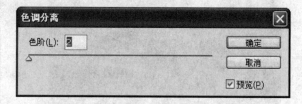

图 6-23 "色调分离"对话框

在"色阶"数值框中输入 2～225 的数值，定义图像中每个通道的色调级的数目，系统会将图像中的像素映射为最接近的匹配色调。

（3）单击"确定"按钮，图像调整后的效果如图 6-24 所示。

图 6-24 图像效果

6.3 经典案例——图像调整专项实训

【例 6.1】 调整图像清晰度

制作效果：

本案例通过色阶与曲线命令，将其调整清晰，效果如图 6-25 所示。

制作步骤：

（1）按【Ctrl+O】组合键，打开"风景"素材图像，如图 6-26 所示。

图 6-25　调整图像清晰度效果

图 6-26　"风景"素材图像

（2）选择"图像"→"调整"→"色阶"命令，弹出"色阶"对话框，在对话框中拖动滑块，调整参数如图 6-27 所示，单击"确定"按钮，效果如图 6-28 所示。

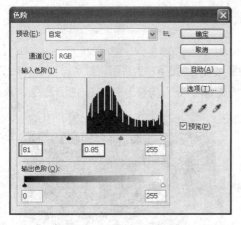

图 6-27　"色阶"对话框

图 6-28　色阶调整效果

（3）选择"图像"→"调整"→"曲线"命令，弹出"曲线"对话框，在对话框中调整曲线如图 6-29 所示，单击"确定"按钮，效果如图 6-30 所示。

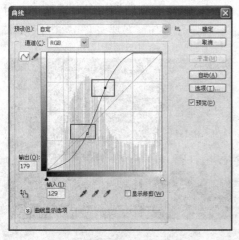

图 6-29　"曲线"对话框

图 6-30　曲线调整效果

【例6.2】 渐变映射

制作效果：

本案例主要通过渐变映射作用制作理想效果，如图6-31所示。

图 6-31 渐变映射效果

制作步骤：

（1）按【Ctrl+O】组合键，打开"背景"素材图像，如图6-32所示。

（2）按【Ctrl+J】组合键复制背景图层，选择"图像"→"调整"→"去色"命令，效果如图6-33所示。

图 6-32 "背景"素材图像

图 6-33 "去色"效果

（3）选择"滤镜"→"模糊"→"高斯模糊"命令，弹出"高斯模糊"对话框，在对话框中设置"半径"的值为4，如图6-34所示，单击"确定"按钮，效果如图6-35所示。

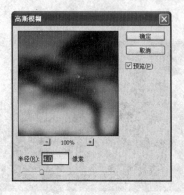

图 6-34 "高斯模糊"对话框

图 6-35 模糊效果

（4）单击"图层"调板，设置"背景副本"图层模式为"叠加"（见图 6-36），效果如图 6-37 所示。

图 6-36　图层模式

图 6-37　"叠加"效果

（5）设置前景色值为（#141357）、背景色值为（#FC8BA9），然后选择"图像"→"调整"→"渐变映射"命令，弹出"渐变映射"对话框（见图 6-38），在对话框中设置"灰度映射所用的渐变"为"前景色到背景色渐变"，如图 6-39 所示，单击"确定"按钮，效果如图 6-40 所示。

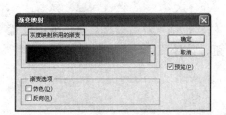

图 6-38　"渐变映射"对话框

图 6-39　渐变设置

图 6-40　最终效果

【例6.3】 改变花心颜色

制作效果：

本案例首先通过色彩范围命令选择花心，然后通过调整色相与饱和度，改变花心颜色，效果如图 6-41 所示。

图 6-41　改变花心颜色效果图

制作步骤：

（1）按【Ctrl+O】组合键，打开"花"素材图像，如图 6-42 所示。

图 6-42　"花"素材图像

（2）选择"选择"→"色彩范围"命令，弹出"色彩范围"对话框，在对话框中设置"选择"为"黄色"，如图 6-43 所示，单击"确定"按钮，选择黄色花心，效果如图 6-44 所示。

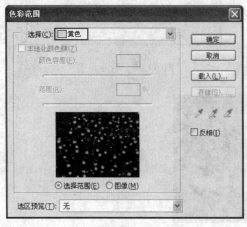

图 6-43　"色彩范围"对话框

图 6-44　选取效果

（3）选择"图像"→"调整"→"色相/饱和度"命令，弹出"色相/饱和度"对话框，在对话框中设置"色相/饱和度"，调整参数如图 6-45 所示，单击"确定"按钮，取消选区，效果如图 6-46 所示。

图 6-45　"色相/饱和度"对话框

图 6-46　最终效果

习　　题

一、简答题

1. 如果一幅图像中的红色浓度太大，在不影响其他颜色浓度的情况下，可使用什么命令来调整？

2. "色调分离"与"阈值"命令有什么不同？

3. 匹配颜色图像是如何进行的？

二、上机操作

运用"渐变映射"命令制作夕阳美景图，如图 6-47 所示。

图 6-47　运用"渐变映射"命令制作夕阳美景图

第 7 章

图层与图层样式

图层在 Photoshop 中占有极其重要的位置，Photoshop 对图层的管理主要依靠"图层"调板和"图层"菜单来完成，用户可借助它们创建、删除、重命名图层，调整图层顺序，创建图层组、图层蒙版，为图层添加效果及合并图层等。同时，根据"图层"中存放的对象类型和创建方法的不同，图层又分为背景图层、普通图层、调整图层、文本图层、形状图层和智能对象图层等。

本章重点与难点

- ◎ 图层的高级操作；
- ◎ 图层的混合模式；
- ◎ 图层样式。

7.1 图 层 简 介

图层是 Photoshop CS6 的精髓功能之一，也是 Photoshop 系列软件的最大特色。使用图层功能，可以很方便地修改图像，简化图像编辑操作，使图像编辑更具有弹性。

"图层"顾名思义就是图像的层次，在 Photoshop 中可以将图层想象成是一张张叠起来的透明胶片，如果图层上没有图像，就可以一直看到最底下的图层，如图 7-1 所示。

使用图层绘图的优点在于，可以非常方便地在相对独立的情况下对图像进行编辑和修改，可以为不同胶片（即 Photoshop CS6 中的图层）设置混合模式及透明度，也可以通过更改图层的顺序和属性来改变图像的合成效果，而且在对图层中的某个图像进行处理时，不会影响到其他图层中的图像。

图 7-1　图层示意图

7.2　图层的创建

在 Photoshop 中，用户可根据需要创建多种类型的图层，如普通层、文字层、调整层等，本节将具体介绍图层的创建方法。

7.2.1　创建普通图层

除背景层、形状层、调节层、填充层与文本层以外的图层均为普通层。要创建一个普通图层，可执行下述操作之一。

- 单击"图层"调板中的"创建新图层"按钮 ，此时创建一个完全透明的空图层。
- 选择"图层"→"新建"→"图层"命令也可创建新图层，此时系统将弹出"新建图层"对话框，如图 7-2 所示。通过该对话框可设置图层名称、基本颜色、不透明度和色彩混合模式。

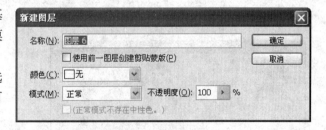

- 在剪贴板上复制一幅图片后，选择"编辑"→"粘贴"命令也可创建普通图层。

图 7-2　"新建图层"对话框

- 若选择"编辑"→"选择性粘贴"→"粘入"命令，则可创建带蒙版的图层。

提　示

新建图层总位于当前层之上，并自动成为当前层。

只能在背景层与普通层上使用"画笔""铅笔""图章""渐变""油漆桶"等绘图和修饰工具进行绘图。

7.2.2 创建文本图层

用户只要简单地在图像中输入文字，也就同时创建了文本层。尽管用户可随时编辑文本层中的文本，但大部分绘图工具和图像编辑功能却不能用于文本层。因此，用户要想对文本层进行一些特殊处理（如进行色调调整、执行滤镜等），需首先将其转换为普通层。

下面举例说明文字层的创建和使用方法。

（1）按【Ctrl+O】组合键，打开素材图像，如图 7-3 所示。

（2）在工具箱中选择横排文字工具 **T.**，并在图像窗口中单击输入文字，输入文字后单击文字工具属性栏中的 ✔ 按钮进行确认，在图层调板中即创建了文字层，如图 7-4 所示。

（3）在"图层"调板中选中文本层，然后选择"图层"→"栅格化"→"文字"命令，即将文本层转换为普通层，此时"图层"调板中的文字层列表右侧的"T"消失，如图 7-5 所示。

图 7-3　素材图像

图 7-4　输入文字

图 7-5　栅格化文字

（4）选择"图层"→"图层样式"→"投影"命令，参数设置如图 7-6 所示。

（5）单击"确定"按钮，效果如图 7-7 所示。

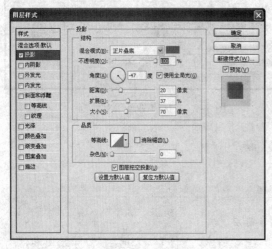

图 7-6　"投影"对话框

图 7-7　最终效果

> **提 示**
>
> 文本层一旦转换为普通层后，将无法再将其转换为文本层，也不能再进行文本编辑。

7.2.3 创建调整图层

利用调整图层，可将使用"曲线"、"颜色平衡"等命令制作的效果单独放在一个层中，而不真正改变源图层中的图像。调整层可应用于单个或几个图层中，若要撤销对某一图层的调整效果，可将该层移到调节层上方；若要撤销对所有图层的调整效果，只需要简单地打开或关闭调整层即可。

下面举例介绍调整图层的特点与用法：

（1）按【Ctrl+O】组合键，打开素材图像，如图7-8所示，该图像带有两个图层（见图7-9）。

（2）选中"图层1"，然后单击"图层"调板下方的 ⬛ 按钮，在弹出的下拉菜单中选择"曲线"命令，利用"曲线"对话框对图像进行调整（见图 7-10），关闭对话框，效果如图7-11所示。

图 7-8 素材

图 7-9 图层

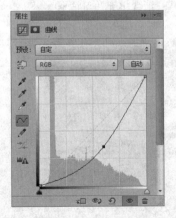

图 7-10 "曲线"对话框

图 7-11 效果图

提 示

从图 7-11 可以看出，新的调整图层自动插入到当前图层的上一层，它也是一个带蒙版的图层。因此，可直接编辑其中的蒙版。

7.2.4 创建填充图层

填充层是一种带"蒙版"的"图层"，其内容可为实色、渐变色或图案。填充层的特点如下：

- 可以随意更换其内容。
- 可以将其转换为调节层。
- 可以通过编辑蒙版制作融合效果。

下面举例介绍填充图层的特点与用法：

（1）按【Ctrl+O】组合键，打开素材图像，如图 7-12 所示。

（2）单击"图层"调板下方的 按钮，在弹出的下拉菜单中选择"渐变"命令，在弹出的"渐变填充"对话框中设置"渐变"由黄色到透明色，其他参数设置如图 7-13 所示。

（3）单击"确定"按钮，此时画面及"图层"调板如图 7-14 所示。由该图可以看出，此时填充图层的"蒙版"处于编辑状态。

图 7-12 素材图像

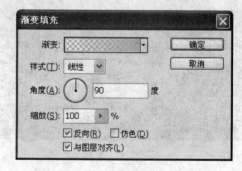

图 7-13 "渐变填充"对话框

图 7-14 最终效果

7.3 图层的高级操作

图层的高级操作主要是调整图层和图层组的顺序、链接和合并图层，以及对齐和分布图层。下面将分别进行介绍。

7.3.1 调整图层顺序

"图层"调板中图层或图层组的堆叠顺序决定其内容出现在当前图像的前面还是后面。

1. 使用命令调整图层顺序

使用命令调整图层顺序有以下 4 种方法：

- 选择"图层"→"排列"→"置为顶层"命令，将当前图层置为最顶层。
- 选择"图层"→"排列"→"前移一层"命令，将当前图层向上移一层。
- 选择"图层"→"排列"→"后移一层"命令，将当前图层向下移一层。
- 选择"图层"→"排列"→"置为底层"命令，将当前图层置为最底层（背景图层的上方）。

2. 使用快捷键调整图层顺序

使用快捷键调整图层顺序有以下 4 种方法：

- 按【Ctrl+】】组合键，将当前图层向上移一层。
- 按【Shift + Ctrl+】】组合键，将当前图层置为最顶层。
- 按【Ctrl+【】组合键，将当前图层向下移一层。
- 按【Shift+Ctrl+【】组合键，将当前图层置为最底层（背景图层的上方）。

由于 Photoshop CS6 中图层具有上层图像覆盖下层的特性，因此在某些情况下需要改变图层间的上下顺序，以取得不同的效果。

3. 使用鼠标拖动调整图层顺序

在"图层"调板中选择需要移动的图层，按住鼠标左键不放并进行上下拖动，即可移动"图层"调板中的图层，如图 7-15 所示。

调整图层顺序前后的效果如图 7-16 所示。

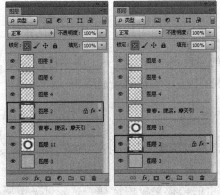

图 7-15 移动"图层"调板中的图层

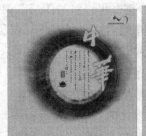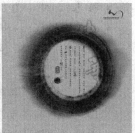

图 7-16 原图像和调整图层顺序后的对比效果

7.3.2 链接图层

Photoshop CS6 允许将多个图层链接在一起，这样就可以作为一个整体进行移动、变换以及创建剪贴蒙版等操作。

链接图层有以下 4 种方法：

- 按钮：选中需要链接的图层，单击"图层"调板底部的"链接图层"按钮，此时，该调板中被链接的图层中将显示一个链接图标，如图 7-17 所示。
- 命令：选中需要链接的图层，选择"图层"→"链接图层"命令，即可将所选择的图层进行链接。
- 快捷菜单：在"图层"调板中选中需要链接的图层，右击并在弹出的快捷菜单中选择"链接图层"命令，即可链接图层。
- 调板菜单：选中需要链接的图层，单击"图层"调板右上角的三角形按钮，在弹出的调板菜单中选择"链接图层"命令，即可链接图层。

图 7-17 链接图层

7.3.3 合并图层

在处理图像文件时，常常会创建许多图层，这样会使图像文件占用磁盘的空间增加。因此，当确定图层的内容后，就可以将一些不必要单独存在的图层进行合并，这样有助于减小图像文件的大小。在合并后的图层中，所有图层透明区域的交叠部分都会保持透明。

1. 使用命令合并图层

使用命令合并图层有以下三种方法：

- 选择"图层"→"向下合并"命令，"图层"调板中的当前图层将与其下一个图层进行合并。
- 选择"图层"→"合并可见图层"命令，可以将"图层"调板中所有显示的图层进行合并。
- 选择"图层"→"拼合图像"命令，可以将"图层"调板中所有显示的图层进行合并。

2. 使用快捷菜单合并图层

使用快捷菜单合并图层有以下两种方法：

- 按【Ctrl+E】组合键，可以将"图层"调板中的当前图层与其下一个图层进行合并。
- 按【Shift+Ctrl+E】组合键，可以将"图层"调板中的可见图层进行合并。

3. 使用调板菜单合并图层

使用调板菜单合并图层有以下三种方法：

- 单击"图层"调板右上角的三角形按钮，在弹出的调板菜单中选择"向下合并"命令，即可将当前图层与其下一个图层进行合并。
- 单击"图层"调板右上角的三角形按钮，在弹出的调板菜单中选择"合并可见图层"命令，即可将所有可见的图层进行合并。

- 单击"图层"调板右上角的三角形按钮，在弹出的调板菜单中选择"拼合图像"命令，即可将所有的图层进行合并。

7.4　图层混合模式

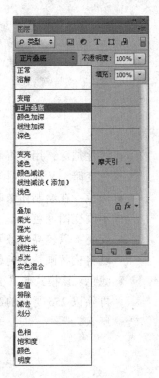

Photoshop CS6 提供了多种可以直接应用于图层的混合模式，不同的颜色混合将产生不同的效果，适当地使用混合模式会使图像呈现出意想不到的效果。

在"图层"调板中，单击"设置图层的混合模式"下拉按钮，在弹出的下拉列表中可以选择各种混合模式，如图 7-18 所示。

各混合模式的含义如下：

- 正常：该模式是 Photoshop CS6 的默认模式，选择该模式，上方图层中的图像将完全覆盖下方图层中的图像，只有当上方图层的不透明度小于 100%时，下方的图层内容才会显示出来，如图 7-19 所示。
- 溶解：在图层完全不透明的情况下，选择该模式与选择正常模式得到的效果完全相同。但当降低图层的不透明度时，图层像素不是逐渐透明化，而是某些像素透明，其他像素则完全不透明，从而得到颗粒化效果。
- 变暗：将显示上方图层与下方图层，比较暗的颜色作为像素的最终颜色，一切亮于下方图层的颜色将被替换，暗于底色的颜色将保持不变。
- 正片叠底：将当前图层颜色像素值与下一图层同一位置像素值相乘，再除以 255，得到的效果会比原来图层暗很多，如图 7-20 所示。

图 7-18　混合模式选项

- 颜色加深：该模式通过查看每个通道颜色信息，增加对比度以加深图像的颜色，用于创建暗的阴影效果。

图 7-19　原图与调整不透明效果

图 7-20　原图与"正片叠底"模式

- 线性加深：用于查看每个通道的信息，不同的是，它是通过降低亮度使下一图层的颜色变暗，从而反衬当前图层的颜色，下方图层与白色混合时没有变化。
- 深色：在绘制图像时，系统会将像素的暗调降低，以显示绘图颜色，若用白色绘图将不改变图像色彩。
- 变亮：以较亮的像素代替下方图层中与之相对应的较暗像素，且下方图层中的较亮区域将代替画笔中的较暗区域，叠加后整体图像呈亮色调。
- 滤色：该模式与"正片叠底"模式正好相反，它是将绘制的颜色与底色的互补色相乘，再除以 255 得到的结果作为最终混合效果，该模式转换后的颜色通常很浅，如图 7-21 所示。

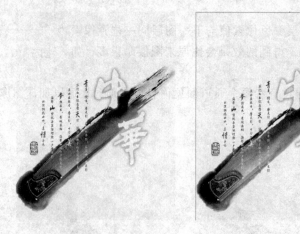

图 7-21　原图与"滤色"模式

- 颜色减淡：该模式用于查看每个颜色通道的颜色信息，通过增加对比度从而使颜色变亮，使用该模式可以生成非常亮的合成效果。
- 线性减淡（添加）：该模式用于查看每个颜色通道的信息，通过降低亮度使颜色变亮，而且呈线性混合。
- 浅色：在绘制图像时，系统将像素的亮度提高，以显示绘图颜色，若用黑色绘图将不改变图像色彩。

- 叠加：该模式图像的最终效果取决于下方图层，但上方图层的明暗对比效果也将直接影响到整体效果，叠加后下方图层的亮度区与阴影区仍被保留。
- 柔光：该模式用于调整绘图颜色的灰度，如图 7-22 所示。当绘图颜色灰度小于 50% 时，图像将变亮，反之则变暗。

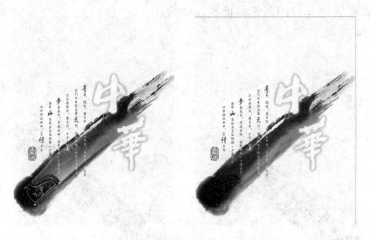

图 7-22　原图与"柔光"模式

- 强光：该模型根据混合色的不同，从而使像素变亮或变暗。若混合色比 50% 灰度亮，则原图像变亮；若混合色比 50% 灰度暗，则原图像变暗。该模式特别适用于为图像增加暗调。
- 亮光：若图像的混合色比 50% 灰度亮，系统将通过降低对比度来加亮图像；反之，则通过提高对比度来使图像变暗。
- 线性光：若图像的混合色比 50% 灰度亮，系统将通过提高对比度来加亮图像；反之，通过降低对比度来使图像变暗，如图 7-23 所示。

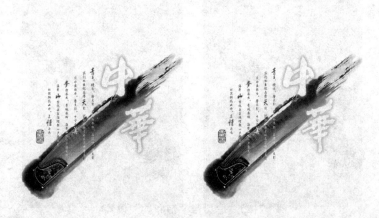

图 7-23　原图与"线性光"模式

- 点光：该模式根据颜色亮度将上方图层颜色替换为下方图层颜色。若上方图层颜色比 50% 的灰度高，则上方图层的颜色被下方图层的颜色取代，否则保持不变。

- 实色混合：该模式将会根据上下两个图层中图像的颜色分布情况，取两者的中间值，对图像中相交的部分进行填充。运用该模式可以制作出强对比度的色块效果。
- 差值：该模式将以绘图颜色和底色中较亮的颜色减去较暗颜色的亮度作为图像的亮度，因此，绘制颜色为白色时可使底色反相，绘制颜色为黑色时原图不变。
- 排除：该模式将与"差值"模式相似但对比度较低的效果排除。
- 色相：该模式混合后的图像亮度和饱和度由底色来决定，但色相由绘制颜色决定，如图 7-24 所示。

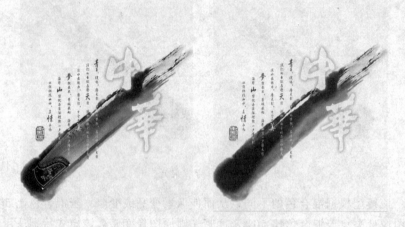

图 7-24 原图与"色相"模式

- 饱和度：该模式是将下方图层的亮度和色相值与当前图层饱和度进行混合，效果如图 7-25 所示。若当前图层的饱和度为 0，则原图像的饱和度也为 0，混合后亮度和色相与下方图层相同。

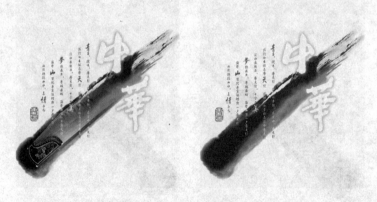

图 7-25 原图与"饱和度"模式

- 颜色：该模式采用底色的亮度及上方图层的色相饱和度的混合作为最终色。可保留原图的灰阶，对图像的色彩微调非常有帮助。
- 明度：该模式最终图像的像素值由下方图层的色相/饱和度值及上方图层亮度构成。

7.5　图　层　样　式

图层样式是 Photoshop CS6 中一个非常实用的功能，使用样式可以改变图层内容的外观，轻松制作出各种图像特效，从而使作品更具视觉魅力。

单击"图层"调板底部的"添加图层样式"按钮 *fx.*，在弹出的下拉菜单中选择相应命令，即可快速地制作出各种图层样式，如阴影、发光和浮雕等。在 Photoshop CS6 中，所有图层效果都被放在"图层"调板中，用户可以像操作图层那样随时打开、关闭、删除或修改这些效果。

7.5.1　图层样式类型

为了使用户在处理图像过程中得到更加理想的效果，Photoshop CS6 提供了 10 种图层样式，如投影、发光、斜面和浮雕等，可以根据实际需要，应用其中的一种或多种样式，从而制作出特殊的图像效果。

1. 投影样式

为图像制作阴影效果是进行图像处理时经常使用的方法。通过制作阴影，可以使图像产生立体或透视效果。

Photoshop CS6 提供了两种制作阴影的方法，即内部阴影和外部阴影。下面通过一个实例来介绍阴影的制作方法。其具体操作步骤如下：

（1）按【Ctrl+O】组合键，打开素材"天地人和"图像，如图 7-26 所示。

图 7-26　素材"天地人和"图像

（2）将文本图层设置为当前图层，然后单击"图层"调板底部的"添加图层样式"按钮 *fx.*，并在弹出的下拉菜单中选择"投影"命令，如图 7-27 所示。

（3）在打开的"图层样式"对话框中，参照图 7-28 所示的混合模式、颜色、不透明度、角度、距离及扩展等参数进行相应的设置。

（4）设置好参数后，单击"确定"按钮关闭对话框，其效果如图 7-29（a）所示。从图 7-29（b）所示的"图层"调板中可看出，添加投影效果后的文本图层右侧出现了两个符号：*fx* 和 ▬。其中 *fx* 符号表明已对该图层执行了效果处理，以后要修改效果时，只需双击该符号即可；单击 ▬ 符号，则可打开或关闭用于该图层的效果下拉列表。

图 7-27　选择"投影"命令

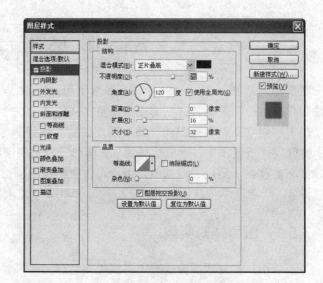

图 7-28　"图层样式"对话框的参数设置

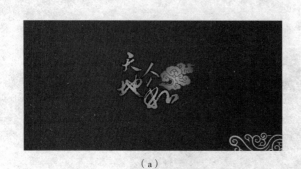

（a）

（b）

图 7-29　投影效果

"图层样式"对话框中各选项的含义如下：

- 混合模式：在其下拉列表框中可以选择所加阴影与原图层图像合成的模式。若单击其右侧的色块，则可在弹出的"拾色器"对话框中设置阴影的颜色。
- 不透明度：用于设置投影的不透明度。
- 使用全局光：选中该复选框，表示为同一图像中的所有图层使用相同的光照角度。
- 距离：用于设置投影的偏移程度。
- 扩展：用于设置阴影的扩散程度。
- 大小：用于设置阴影的模糊程度。
- 等高线：单击其右侧的下拉按钮，在弹出的下拉列表中可以选择阴影的轮廓。
- 杂色：用于设置是否使用杂点对阴影进行填充。

顾名思义，"内阴影"样式主要用于为图层增加内部阴影，如图 7-30 所示。选择"内阴影"样式后，可以在对话框中设置阴影的不透明度、角度、距离、大小和等高线等。

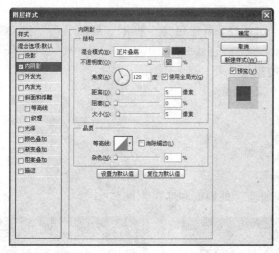

图 7-30　应用"内阴影"样式的效果

提　示

　　为图层设置样式后，要打开或关闭某种效果，只需在"图层"调板中单击样式名称左侧的 👁 图标即可。

2. 斜面和浮雕样式

斜面和浮雕样式可以说是 Photoshop 中最复杂的图层样式，其中包括内斜面、外斜面、浮雕效果、枕状浮雕和描边浮雕几种。虽然每一种样式所包含的选项都是一样的，但是制作出的效果却大相径庭。

单击"图层"调板底部的"添加图层样式"按钮 **fx.**，在弹出的下拉菜单中选择"斜面和浮雕"命令，弹出"图层样式"对话框，如图 7-31 所示。

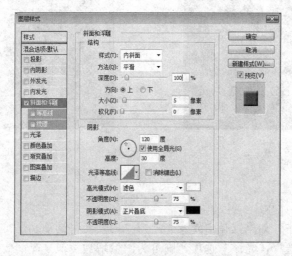

图 7-31　"斜面和浮雕"样式

其中各选项的含义如下：

- 样式：在其下拉列表中可选择浮雕的样式，其中包括"外斜面""内斜面""浮雕效果""枕状浮雕"和"描边浮雕"等选项。
- 方法：在其下拉列表中可选择浮雕的平滑特性，其中包含"平滑""雕刻清晰"和"雕刻柔和"等选项。
- 深度：用于设置斜面和浮雕效果深浅的程度。
- 方向：用于切换亮部和暗部的方向。
- 软化：用于设置效果的柔和度。
- 光泽等高线：用于选择光线的轮廓。
- 高光模式：用于设置高光区域的模式。
- 阴影模式：用于设置暗部的模式。

图 7-32 所示即为分别对文本图层应用内斜面、外斜面和浮雕效果。

（a）应用内斜面效果　　　　　　（b）应用外斜面效果　　　　　　（c）应用浮雕效果

图 7-32　文字的内斜面、外斜面及浮雕效果

此外，选中"斜面和浮雕"选项组下的"等高线"复选框，可设置等高线效果；选中"纹理"复选框，可设置纹理效果，如图 7-33 所示。

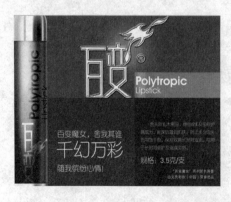 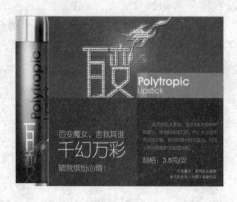

（a）设置"等高线"效果　　　　　　　　　　（b）设置"纹理"效果

图 7-33　设置"等高线"和"纹理"效果

3. 光样式与光泽样式

在图层样式列表中，如果选择"外发光"或"内发光"选项，还可为图像增加外发光效果或内发光效果。若选择"光泽"选项，则可为图像增加类似光泽的效果，如图 7-34 所示。

（a）内发光效果　　　　　　　（b）外发光效果　　　　　　　（c）光泽效果

图 7-34　应用发光样式与光泽样式的效果

7.5.2　样式调板

为了方便用户，Photoshop 还为用户提供了一组内置样式，它们实际上就是"投影""内阴影"等样式的组合。

要使用这些样式，可以选择"窗口"→"样式"命令，打开"样式"调板。在"样式"调板中单击相应的样式，即可直接将其应用到当前图层或选择的图层中。单击"样式"调板右上角的 ▼≡ 按钮，在弹出的控制菜单中可以载入更多的样式，如图 7-35 所示。

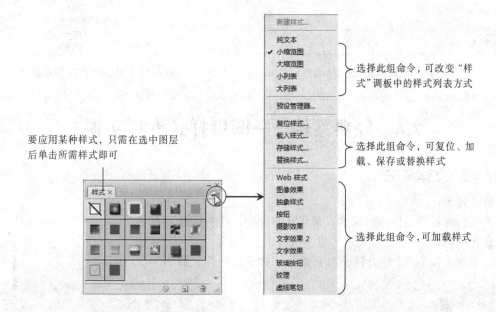

图 7-35　"样式"调板

7.5.3　清除与开/关图层样式

制作好样式之后，可以将样式保存在"样式"调板中，其具体操作步骤如下：

（1）为图层设置了某一样式后，单击"样式"调板的空白处，或者单击"样式"调板右上角的 ▼≡ 按钮，然后在弹出的控制菜单中选择"新建样式"命令，弹出"新建样式"对话框，如图 7-36 所示。

（2）在"新建样式"对话框中输入样式名称并选择设置项目，单击"确定"按钮，即可将设置的样式保存在"样式"调板中。

此外，右击图层中的 *fx* 按钮，在弹出的下拉菜单中选择相应命令，还可以复制、粘贴、清除图层样式，或创建带样式的新图层等，如图 7-37 所示。

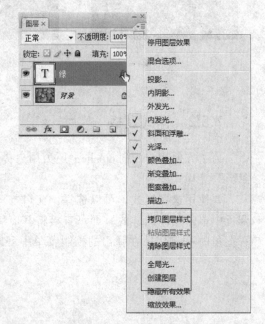

图 7-36 "新建样式"对话框   图 7-37 复制、清除图层样式

7.6 经典案例——图层样式专项实训

【例 7.1】 立体音符

制作效果：
本案例通过图层样式的设置，制作立体音符，效果如图 7-38 所示。

制作步骤：
（1）按【Ctrl+O】组合键，打开素材"背景"图像，如图 7-39 所示。

图 7-38 立体音符效果

图 7-39 素材

（2）单击"图层"调板中的"创建新图层"按钮，新建"图层 1"。选择自定形状工具，在其属性栏中设置如图 7-40 所示。

（3）在图像中绘制音符，效果如图 7-41 所示。

图 7-40　形状属性

图 7-41　绘制音符

（4）选择"图层"→"图层样式"→"斜面和浮雕"命令，在弹出的"图层样式"对话框中设置参数，如图 7-42 所示。然后勾选"等高线"选项，设置"等高线"参数，如图 7-43 所示。单击"确定"按钮，效果如图 7-44 所示。

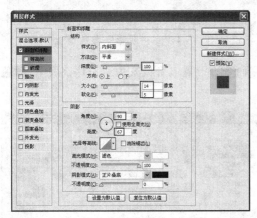

图 7-42　"斜面和浮雕"参数设置

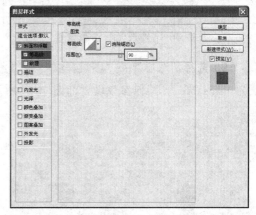

图 7-43　"等高线"参数设置

（5）选择"图层"→"图层样式"→"内发光"命令，设置"杂色"颜色值为（#2f51a8），其他参数设置如图 7-45 所示。

图 7-44　效果

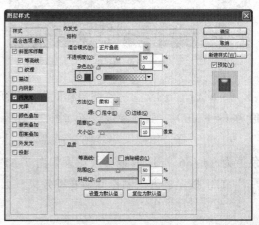

图 7-45　"内发光"参数设置

（6）选择"图层"→"图层样式"→"外发光"命令，设置"杂色"颜色值为（＃42c9f9），其他参数设置如图 7-46 所示。

（7）选择"图层"→"图层样式"→"内阴影"命令，设置混合模式为"正片叠底"，颜色值为（＃a3bef7），其他参数设置如图 7-47 所示，单击"确定"按钮，效果如图 7-48 所示。

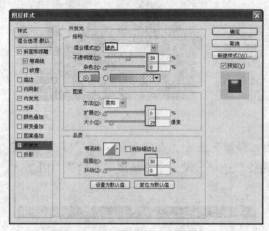

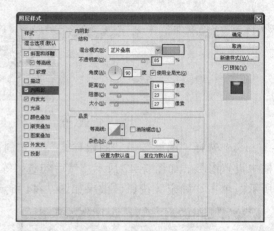

图 7-46 "外发光"参数设置   图 7-47 "内阴影"参数设置

（8）选择"图层"→"图层样式"→"光泽"命令，设置混合模式为"正片叠底"，颜色值为（#5eabfd），其他参数设置如图 7-49 所示。

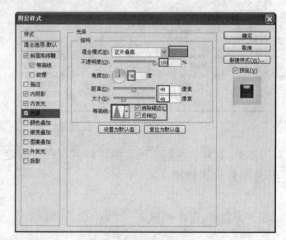

图 7-48 效果   图 7-49 "光泽"参数设置

（9）选择"图层"→"图层样式"→"颜色叠加"命令，设置混合模式为"正常"，颜色值为（＃badff9），其他参数设置如图 7-50 所示。

（10）选择"图层"→"图层样式"→"投影"命令，设置混合模式为"正片叠底"，颜色值为（＃4d6c9a），其他参数设置如图 7-51 所示，单击"确定"按钮，效果如图 7-52 所示。

（11）按上述方法制作其他音符效果，如图 7-53 所示。

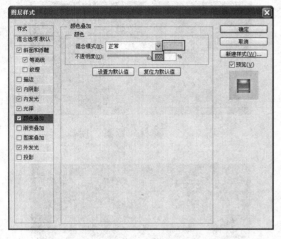

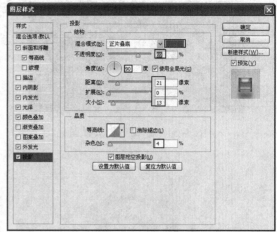

图 7-50　"颜色叠加"参数设置　　　　　　图 7-51　　"投影"参数设置

图 7-52　效果　　　　　　　　　　　　　图 7-53　效果

提 示

　　如要改变音符颜色，只需重新选择"图层"→"图层样式"→"颜色叠加"命令，设置不同颜色即可。

　　（12）单击"图层"调板中的"创建新图层"按钮 🔲，新建图层。选择工具箱中的直线工具 ✑，绘制 5 条等距离的直线，然后选择"滤镜"→"扭曲"→"旋转扭曲"命令，在弹出的"旋转扭曲"对话框中设置"角度"为 125，单击"确定"按钮，效果如图 7-38 所示。

【例 7.2】 手镯广告

制作效果：

　　本案例整体背景以深蓝色为主，同时配以金黄色的"手镯"，点明主题，效果如图 7-54所示。

制作步骤：

　　（1）按【Ctrl+O】组合键，打开素材"背景"图像，如图 7-55 所示。

　　（2）按【Ctrl+O】组合键，打开素材"手镯"图像，将其调入背景图像中，调整其大小及位置，效果如图 7-56 所示。

图 7-54　手镯广告效果图

图 7-55　素材"背景"图像

（a）素材"手镯"

（b）插入后效果

图 7-56　调入素材

　　（3）按【Ctrl+O】组合键，打开画笔素材图像，将其调入图像中，调整其大小及位置，效果如图 7-57 所示。

　　（4）设置前景色颜色值为（#9CF9FF），然后选择"图层"→"图层样式"→"外发光"命令，在弹出的"图层样式"对话框中设置"混合模式"为"叠加"，其他参数设置如图 7-58 所示。选择右侧的渐变条为渐变色，设置渐变为"前景色到透明渐变"，如图 7-59 所示。单击"确定"按钮，效果如图 7-60 所示。

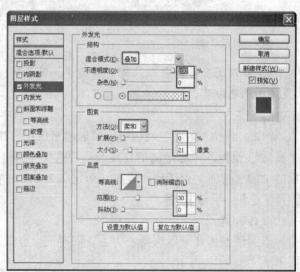

图 7-57　调入素材效果

图 7-58　"外发光"设置

　　（5）将前景色设置为白色，选取画笔工具 ，在"手镯"上绘制发光星星的效果，如图 7-61 所示。

（6）选择"图层"→"图层样式"→"外发光"命令，参数设置参见步骤（4）的外发光参数，效果如图 7-62 所示。

（7）选择横排文字工具 **T**，在图像窗口中输入图 7-63 所示文字。

图 7-59　渐变设置

图 7-60　产生效果

图 7-61　绘制发光星星

图 7-62　外发光效果

图 7-63　输入文字

（8）选择"图层"→"图层样式"→"投影"命令，参数设置如图 7-64 所示。

（9）在"图层样式"对话框左侧选中"渐变叠加"复选框，设置"渐变叠加"颜色由深蓝色到白色渐变，其他参数设置如图 7-65 所示。

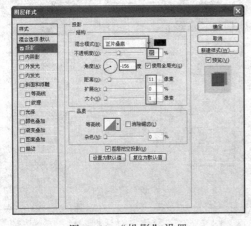

图 7-64　"投影"设置

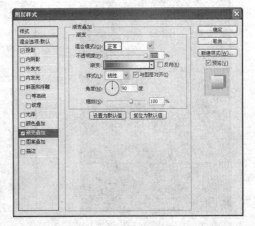

图 7-65　"渐变叠加"设置

（10）在"图层样式"对话框左侧选中"描边"复选框，设置"描边"颜色为浅灰色，其他参数设置如图 7-66 所示，单击"确定"按钮，效果如图 7-54 所示。

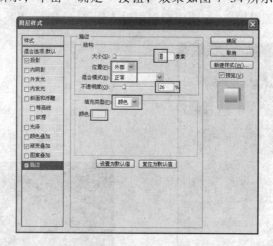

图 7-66 "描边"设置

【例 7.3】 房地产广告

制作效果：

本案例以一轮明月高挂天空，再加上中国水墨画效果为背景，广告宁静而主题突出，效果如图 7-67 所示。

制作步骤：

（1）选择"文件"→"新建"命令，在弹出的"新建"对话框中设置"名称"为"房产广告设计制作"，"宽度"为 8 厘米，"高度"为 14 厘米，"分辨率"为 300 像素/英寸，"颜色模式"为"RGB 颜色"，"背景内容"为白色，如图 7-68 所示。设置完成后单击"确定"按钮，创建一个新文件。

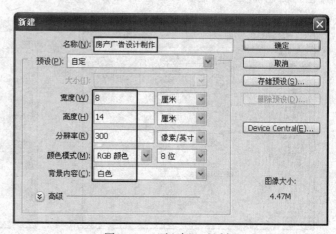

图 7-67 房地产广告效果图　　　　　图 7-68 "新建"对话框

（2）单击"图层"调板中的"创建新图层"按钮，新建"图层1"。选择渐变工具，单击"点按可编辑渐变"图标，弹出"渐变编辑器"窗口（见图7-69），设计第1标点颜色值为（#001F20）、第2标点颜色值为（#0086A4）、第3标点颜色值为（#001F20），再单击其属性栏中的"线性渐变"按钮，设置好渐变属性后，将鼠标指针移至图像窗口的上部，并向下部拖动鼠标，绘制出如图7-70所示的渐变颜色。

（3）按【Ctrl+T】组合键，缩小渐变图层，效果如图7-71所示。

图 7-69 渐变编辑器

图 7-70 渐变效果

图 7-71 缩小渐变图层

（4）按【Ctrl+O】组合键，打开风景素材图像，将其调入图像中，调整其大小及位置，效果如图7-72所示。

（5）单击"图层"调板中的"添加图层蒙版"按钮，创建图层蒙版，设置前景色为黑色；选取工具箱中的画笔工具，在工具属性栏中设置画笔的"大小"为50像素，"硬度"为0%。然后在调入的风景图像上部及下部进行涂抹（见图7-73），效果如图7-74所示。

图 7-72 调入素材图像

图 7-73 图层涂抹

图 7-74 涂抹效果

（6）按【Ctrl+O】组合键，打开月亮素材图像，将其调入图像中，调整其大小及位置，效果如图 7-75 所示。

（7）单击"图层"调板，设置"图层 3"的混合模式为"明度"（见图 7-76），效果如图 7-77 所示。

图 7-75　调入素材图像

图 7-76　设置图层模式

图 7-77　设置图层模式效果

（8）将月亮图层复制并向下移动，选择"编辑"→"变换"→"垂直翻转"命令，效果如图 7-78 所示。

（9）选择"滤镜"→"像素化"→"晶格化"命令，在弹出的"晶格化"对话框中设置"单元大小"值为 10（见图 7-79），单击"确定"按钮，效果如图 7-80 所示。

图 7-78　垂直翻转效果

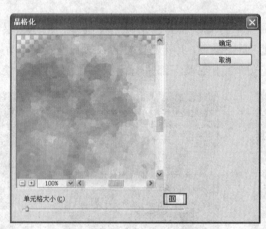

图 7-79　"晶格化"对话框

图 7-80　"晶格化"效果

（10）单击"图层"调板中的"添加图层蒙版"按钮 ，创建图层蒙版，选择渐变工具 ，黑白线性渐变填充蒙版（见图 7-81），效果如图 7-82 所示。

（11）按【Ctrl+O】组合键，打开标志素材图像，将其调入图像中，调整其大小及位置，效果如图 7-83 所示。

（12）选择文字工具 ，在图像窗口中输入图 7-67 所示文字。

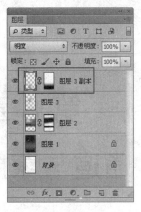

图 7-81　添加图层蒙版

图 7-82　渐变填充蒙版效果

图 7-83　调入图像

习　　题

一、简答题

1. 如何将背景层与普通层互相转换？
2. 创建图层有哪几种方法？
3. 如何复制和粘贴图层样式？

二、上机操作

通过图层模式与图层样式的设置，制作图 7-84 所示的地产广告效果。

图 7-84　效果图

第 8 章

通道与蒙版

本章主要介绍通道和蒙版的基础知识，包括蒙版的创建、关闭、删除等操作，以及通道的操作、应用和计算，掌握了这些操作技巧及方法，可以使设计的作品更具艺术感染力。

本章重点与难点

- ◎ 通道的基本操作；
- ◎ 通道应用与计算；
- ◎ 数据与信息的基本关系及基于计算机的数据处理过程。

8.1 通 道 概 述

掌握通道方面的知识，将有助于更好地理解图像处理的原理，充分理解通道，尤其是Alpha 通道的特点并掌握其用法，可进一步制作出图像的一些特殊效果。

通道主要用于保存颜色数据。例如，一个 RGB 模式的彩色图像包括了 RGB、红、绿、蓝 4 个通道。在对通道进行操作时，可以分别对各原色通道（红、绿或蓝）进行明暗度及对比度的调整，也可对原色通道单独执行滤镜功能，以制作一些特殊效果。

8.1.1 通道的工作原理与类型

在实际生活中，看到的很多设备（如电视机、计算机的显示器等）都是基于三色合成原理工作的。例如，电视机中有 3 支电子枪，分别用于产生红色（R）、绿色（G）与蓝色（B）光，其不同的混合比例可获得不同的色光。Photoshop 也是依据此原理对图像进行处理的，这便是通道的由来。

需要注意的是，对于不同模式的图像，其通道表示方法也是不一样的。例如，对于 RGB

模式的图像，其通道有 4 个，即 RGB 合成通道、R 通道、G 通道与 B 通道；对于 CMYK 模式的图像，其通道有 5 个，即 CMYK 合成通道、C 通道（青色）、M 通道（洋红）、Y 通道（黄色）与 K 通道（黑色）。以上这些通道都可称为图像的基本通道。除此之外，为了便于进行图像处理，Photoshop 还支持其他两类通道，这就是 Alpha 通道与专色通道。

Alpha 通道用于保存 256 级灰度图像，其不同的灰度代表了不同的透明度，并且黑色代表全透明，白色代表不透明，灰色代表半透明。下面将举例对其加以说明：

（1）按【Ctrl+O】组合键，打开素材图像，如图 8-1 所示。

（2）打开"通道"调板，单击下方的"创建新通道"按钮 创建一个 Alpha 1 通道，如图 8-2 所示。

图 8-1 打开的素材文件

图 8-2 新建 Alpha1 通道

（3）在工具箱中选择渐变工具 ，在其工具属性栏中选择渐变类型与样式，然后在 Alpha1 通道中绘制图 8-3 所示的径向渐变。

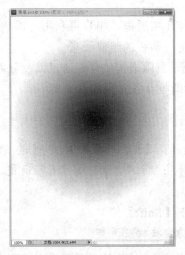

图 8-3 在 Alpha1 通道中绘制径向渐变

（4）按住【Ctrl】键的同时单击 Alpha 1 通道，载入由该通道保存的选区，如图 8-4 所示，然后在"通道"调板中单击 RGB 复合通道，重新显示主图像。

（5）按【Delete】键清除选区内的图像，并按【Ctrl+D】组合键取消选区，效果如图 8-5 所示。

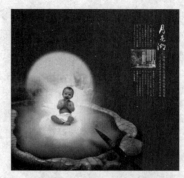

图 8-4　载入 Alpha1 通道选区　　　　　　图 8-5　利用 Alpha 通道制作的图像效果

此外，"专色"通道主要用于辅助印刷，它可以使用一种特殊的混合油墨替代或附加到图像颜色油墨中。

前面已经介绍过印刷彩色图像时，图像中的各种颜色都是通过混合 CMYK 四色油墨获得的。但是，基于色域的原因，某些特殊颜色可能无法通过混合 CMYK 四色油墨得到，此时便可借助"专色"通道为图像增加一些特殊混合油墨来辅助印刷。在印刷时，每个"专色"通道都有一个属于自己的印版，也就是说，当打印一个包含有"专色"通道的图像时，该通道将被单独打印输出。

8.1.2　"通道"调板的组成元素

通常情况下，Photoshop 显示的是图像的 RGB 主通道。用户可利用"通道"调板选择其他通道，然后对图像进行编辑。下面介绍"通道"调板的组成元素。

利用"通道"调板，可以完成诸如创建通道、删除通道、合并通道以及分离通道等操作。图 8-6 所示即为一幅 RGB 彩色图像的"通道"调板及各元素的含义。

> **提　示**
>
> - 由于 RGB 通道和各原色通道的特殊关系，因此，若单击 RGB 通道，则"红""绿"和"蓝"通道将自动显示；反之，若单击"红""绿"或"蓝"通道，则 RGB 通道将自动隐藏。
> - 要选中多条通道，可在选择通道时按下【Shift】键。
> - 在进行图像编辑时，所有选中的通道均会被相应调整。

若按住【Ctrl】键的同时单击通道，可以载入当前通道的选区；若按住【Ctrl+Shift】组合键的同时单击通道，则可以将通道的选区增加到已有的选区中。

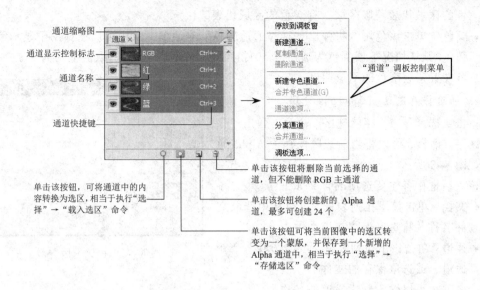

图 8-6　"通道"调板及各元素的含义

8.2　通道的基本操作

通道的基本操作主要包括创建 Alpha 通道、创建专色通道、分离和合并通道等，下面将分别进行介绍。

8.2.1　创建 Alpha 通道

Alpha 通道除了可以保存颜色信息外，还可以保存选择区域的信息。将选择区域保存为 Alpha 通道时，选择区域将被保存为白色，而非选择区域则被保存为黑色。

1. 新建通道

新建通道有以下三种方法：

- 按钮：单击"通道"调板底部的"创建新通道"按钮，即可创建新通道。
- 调板菜单：单击"通道"调板右上角的三角形按钮，在弹出的调板菜单中选择"新建通道"命令。
- 快捷键：按【Alt】键的同时，单击"通道"调板底部的"创建新通道"按钮，将弹出"新建通道"对话框。

使用后面两种操作方法，都将弹出"新建通道"对话框，如图 8-7 所示。

该对话框中各主要选项的含义如下：

- 名称：在该文本框中可以设置新 Alpha 通道的名称。
- 被蒙版区域：选择该单选按钮，则表示新建通道中有颜色的区域代表蒙版区域，白色区域代表选区。
- 所选区域：选择该单选按钮，则表示新建通道中白

图 8-7　"新建通道"对话框

色的区域代表蒙版区域，有颜色的区域代表选区。

- 颜色：单击该色块，将弹出"选择通道颜色"对话框，从中可以选择用于显示蒙版的颜色（默认情况下该颜色为透明度 50% 的红色），"不透明度"的取值范围为 0%～100%，可设置蒙版颜色的不透明度。

2．通过保存选区创建 Alpha 通道

单击"选择"→"存储选区"命令，弹出"存储选区"对话框，可以将当前选区保存为 Alpha 通道，如图 8-8 所示。

图 8-8 "存储选区"对话框

该对话框中各主要选项的含义如下：

- 文档：单击该下拉列表框，可以从中选取文件名称并将选区保存在该文件中。
- 通道：单击该下拉列表框，可以选取一个新通道，或选取保存的文件。
- 名称：可以输入新建通道的名称。
- 添加到通道：指定在目标图像已包含选区的情况下如何合并选区。

3．载入选区

在操作过程中，可以将创建的选区保存为 Alpha 通道，同样也可以将通道作为选择区域载入（包括颜色通道与专色通道）。

载入选区有以下三种方法：

- 按钮：单击"通道"调板底部的"将通道作为选区载入"按钮。
- 命令：选择"选择"→"载入选区"命令，弹出"载入选区"对话框，在"通道"下拉列表框中选择所需选区的选项。
- 快捷键：按【Ctrl】键的同时，单击"通道"调板中的所需载入选区的通道的缩览图。

8.2.2　创建专色通道

专色是特殊的预混油墨，与传统的以 CMYK 模式调配出来的颜色不同，在印刷时要求专用的印版。如果将一幅包含专色通道的图像打印输出，该专色通道就会成为一张单独的页面（即单独的胶片）重印在图像上。专色通道具有 Alpha 通道的一切特点，即保存选区及具有透明度信息等。

除了位图模式以外，在所有颜色模式下都可以创建专色通道。专色的输出不受颜色模式的影响，可确保最后的颜色模式及文件以 DCS2.0 格式或 PDF 格式存储，符合印刷要求就可以，而不用担心专色通道会跟着颜色模式的变化而变化。

新建专色通道有以下两种方法：

- 按钮：按住【Ctrl】键的同时，单击"通道"调板底部的"创建新通道"按钮。
- 调板菜单：单击"通道"调板右上角的三角形按钮，在弹出的调板菜单中选择"新建专色通道"命令。

使用以上任意一种操作方法，均可弹出"新建专色通道"对话框，如图 8-9 所示。

图 8-9　"新建专色通道"对话框

该对话框中各主要选项的含义如下：

- 名称：用于设置新建专色通道的名称。
- "油墨特性"选项组：单击"颜色"色块，将弹出"选择专色"对话框，从中可以设置油墨的颜色；在"密度"数值框中输入的数值只会影响屏幕上的图像显示的透明度，对实际的打印输出没有影响，其取值范围为 0%～100% 之间。

在"新建专色通道"对话框中设置好参数后，单击"确定"按钮，即可在"通道"调板中创建专色通道。

8.2.3　复制通道

如果要在图像之间复制 Alpha 通道，则通道必须具有相同的像素尺寸。不能将通道复制到位图模式的图像中。

复制通道有以下两种方法：

- 快捷菜单：在"通道"调板中选择需要复制的通道，右击鼠标，在弹出的快捷菜单中选择"复制通道"命令。
- 调板菜单：选中需要复制的通道，单击"通道"调板右上角的三角形按钮，弹出调板菜单，选择"复制通道"命令。

使用以上任意一种操作方法，均可弹出"复制通道"对话框，如图 8-10 所示。

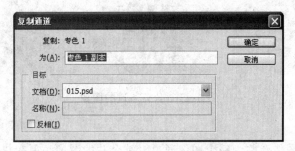

图 8-10　"复制通道"对话框

该对话框中各主要选项的含义如下：

- 为：用于设置通道副本的名称。
- 文档：在该下拉列表框中可以复制通道的目标图像。
- 名称：在"文档"下拉列表框中选择"新建"选项，才可以激活"名称"文本框。
- 反相：选中该复选框，相当于选择"图像"→"调整"→"反向"命令，通道副本颜色将以反相显示。

8.2.4　删除通道

在存储图像之前，删除不再需要的通道，可以减小存储图像所需要的磁盘空间。

删除通道有以下三种方法：

- 按钮：在"通道"调板中，将要删除的通道直接拖动到调板底部的"删除当前通道"按钮上，即可删除通道。
- 调板菜单：单击"通道"调板右上角的三角形按钮，在弹出的调板菜单中选择"删除通道"命令，即可删除通道。
- 快捷键：按【Alt】键的同时，单击"通道"调板底部的"删除通道"按钮。

8.2.5　分离和合并通道

在 Photoshop CS6 中，若一幅图像包含的通道太多，就会导致文件太大而无法保存，此时，最好将通道拆分为多个独立的图像文件后分别保存，这就要用到分离通道等操作，下面将详细介绍。

1.　分离通道

分离通道只能分离拼合图像的通道。在不能保留通道的文件中保留单个通道信息，此时分离通道非常有用。分离通道后源文件被关闭，单个通道将出现在单独的灰度图像窗口中，可以分别存储和编辑新图像。

单击"通道"调板右上角的三角形按钮，在弹出的调板菜单中选择"分离通道"命令，可以将图像中的各个通道分成单独的灰度图像文件，例如，一幅 RGB 模式的图像进行通道分离后的结果，如图 8-11 所示。

图 8-11　分离通道的图像

2.　合并通道

可以将多个灰度图像合并为一个图像通道。欲合并的图像必须在灰度模式下，且具有相同的像素尺寸和处于打开状态。已打开的灰度图像的数量决定了合并通道时可用的颜色模式，例如，打开了 3 个图像，可以将它们合并为一个 RGB 图像；如果打开了 4 个图像，则可将它们合并为一个 CMYK 图像。

单击"通道"调板右上角的三角形按钮，在弹出的调板菜单中选择"合并通道"命令，弹出"合并通道"对话框，如图 8-12 所示。

在对话框中完成相关的设置后单击"确定"按钮，进入　　图 8-12　"合并通道"对话框

"合并 RGB 通道"对话框，单击"确定"按钮即可合并通道，如图 8-13 所示。

选中的通道被合并为指定类型的新图像，原图像在不做任何更改的情况下自动关闭，新图像则出现在未命名的窗口中，如图 8-14 所示。

图 8-13　"合并 RGB 通道"对话框

图 8-14　合并 RGB 通道的图像效果

"通道"调板的调板菜单中还有一个"合并专色通道"命令，当在图像中建立了专色通道以后，选择该命令即可将专色通道合并到每一个颜色分量通道中。

8.3　通道应用与计算

在 Photoshop CS6 中，应用"应用图像"和"计算"命令可以对一个通道中的像素值与另一个通道中相应的像素值进行相加、减去和相乘等操作。

当 Photoshop 执行图像应用或者图像运算时，会对每个通道中的相应像素进行计算以混合通道，例如：当 Photoshop 执行"差值"命令时，其会减去相应的像素值，即第 1 个通道中第 1 行的第 1 个像素值减去第 2 个通道中第 1 行的第 1 个像素值，第 1 个通道中第 1 行的第 2 个像素值减去第 2 个通道中第 1 行的第 2 个像素值，以此类推。

像素的取值范围为 0～255，其中 0 代表最暗的值，而 255 代表白色。因此，当像素值增加时，图像变亮；像素值减小时，图像变暗。

因为"应用图像"命令是基于像素对像素的方式来处理通道的，所以只有图像的长和宽（以像素为单位）都分别相等时才能执行该命令。

8.3.1　应用图像

运用"应用图像"命令可以在源文件的图像中选取一个或多个通道进行运算，将运算结果放到目标图像中，会产生许多合成效果。

单击"图像"→"应用图像"命令，弹出"应用图像"对话框，如图 8-15 所示。

该对话框中各主要选项的含义如下：

- 源：从中选择一幅源图像与当前活动图像相混合。其下拉列表框中将列出 Photoshop 当前打开的图像，该项的默认设置为当前的活动图像。
- 混合：该下拉列表框用于设置图像的混合模式。
- 不透明度：设置运算结果对源文件的影响程度，与"图层"调板中的不透明度作用相同。
- 保留透明区域：该复选框用于设置保留透明区域，选中后只对非透明区域合并，若在当前活动图像中选择了背景图层，则该选项不可用。

- 蒙版：选中该复选框，其下方的 3 个列表框和"反相"复选框为可用状态，从中可以
  选择一个"通道"和"图层"作用蒙版来混合图像。

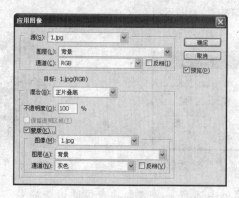

图 8-15 "应用图像"对话框

8.3.2 通道计算

使用"计算"命令可以混合两个来自一个或多个源图像的单个通道，然后可将结果应用
到新图像的新通道或现用图像的选区中。复合通道不能应用"计算"命令。

执行"计算"命令时，要先在两个通道的相应像素上执行数字运算（这些像素在图像上
的位置相同），然后在单个通道中组合运算结果。

通道中的每个像素都有一个亮度值，可使用"计算"和"应用图像"命令来处理这些数
值以生成最终的复合像素，这些命令会叠加两个或更多个通道的像素尺寸。

下面将举例对"应用图像"与"通道计算"加以说明：

（1）按【Ctrl+O】组合键，打开"背景"、"中国风"素材图像，如图 8-16 所示。

（2）单击"背景"图像文件，使之成为当前工作图像。单击"通道"调板的"创建新建
通道"按钮，新建通道 Alpha1，如图 8-17 所示。

图 8-16 素材

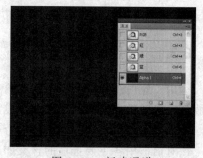

图 8-17 新建通道

（3）单击"中国风"图像文件，选择"选择"→"色彩范围"命令，在弹出"色彩范围"
对话框中（见图 8-18）单击图像中黑色文字，选择图像中黑色部分，单击"确定"按钮，效
果如图 8-19 所示。

（4）复制选区，将剪贴板的图像置入 Alpha1 通道中（见图 8-20），然后填充白色，取消
选区，效果如图 8-21 所示。

图 8-18　"色彩范围"对话框

图 8-19　选取文字

图 8-20　置入通道

图 8-21　填充白色

（5）复制通道，系统自动生成 Alpha1 副本，单击 Alpha1 副本通道使之成为当前通道，选择"滤镜"→"模糊"→"高斯模糊"命令，弹出对话框，设置高斯模糊"半径"为 3（见图 8-22），单击"确定"按钮，效果如图 8-23 所示。

图 8-22　"高斯模糊"对话框

图 8-23　高斯模糊效果

（6）选择"滤镜"→"风格化"→"浮雕效果"命令，在弹出的对话框中设置参数（见图 8-24），单击"确定"按钮，效果如图 8-25 所示。

图 8-24　"浮雕效果"对话框

图 8-25　浮雕效果

（7）选择"图像"→"计算"命令，将 Alpha 和 Alpha1 副本进行通道差值运算，在弹出"计算"的对话框中设置参数，如图 8-26 所示。

该对话框中各主要选项的含义如下：

- 源 1：该下拉列表框用于选择要计算的第 1 个源图像。

- 图层：该下拉列表框用于选择使用图像的图层。

- 通道：该下拉列表框用于选择进行计算的通道名称。

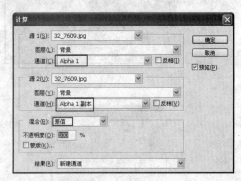

图 8-26　"计算"对话框

- 源 2：该下拉列表框用于选择要计算的第 2 个源图像。

- 混合：该下拉列表框用于选择两个通道进行计算所运用的混合模式，并设置"不透明度"值。

- 蒙版：该选中该复选框，可以通过蒙版应用混合效果。

- 结果：该下拉列表框用于选择计算后通道的显示方式。若选择"新文档"选项，将生成一个仅有一个通道的多通道模式图像；若选择"新建通道"选项，将在当前图像文件中生成一个新通道；若选择"选区"选项，则生成一个选区。

（8）单击"确定"按钮，系统自动生成 Alpha2，效果如图 8-27 所示。

图 8-27　生成通道

（9）返回背景图层，选择"图像"→"应用图像"命令，运用图像，弹出"应用图像"对话框，设置如图 8-28 所示。

（10）单击"确定"按钮，应用图像效果如图 8-29 所示。

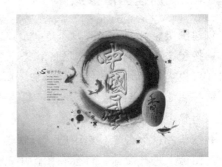

图 8-28 "应用图像"对话框　　　　　　　图 8-29 最终效果

8.4 图 层 蒙 版

在 Photoshop CS6 中，蒙版存储在 Alpha 通道中。蒙版和通道都是灰度图像，因此可以像编辑其他图像那样进行编辑。对蒙版和通道而言，绘制的黑色区域会受到保护，绘制的白色区域则可以进行编辑。

8.4.1 创建快速蒙版

快速蒙版功能可以快速地将选区的范围转换为一个蒙版。

创建快速蒙版有以下两种方法：

● 按钮：单击工具箱中的"以快速蒙版模式编辑"按钮。

● 快捷键：按【Q】键。

下面举例说明快速蒙版使用方法。

（1）选择"文件"→"打开"命令，打开一幅素材图像，如图 8-30 所示。

（2）单击工具箱中的"以快速蒙版模式编辑"按钮，进入以快速蒙版编辑状态。选择任意工具并在图像中进行任意涂抹，此时，"通道"调板中将出现一个名为"快速蒙版"的通道，如图 8-31 所示。

（3）单击"以快速蒙版模式编辑"按钮，将切换为"以标准模式编辑"按钮，在通道中创建的"快速蒙版"通道将会消失，此时，蒙版区域将转换为选区，如图 8-32 所示。

  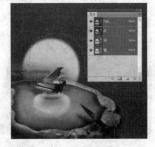

图 8-30 素材图像　　　图 8-31 快速蒙版　　　图 8-32 蒙版转换为选区

8.4.2 创建图层蒙版

创建图层蒙版的方法有以下 5 种：

- 按钮 1：在图像存在选区的状态下，单击"图层"调板底部的"添加图层蒙版"按钮，可以为选区外的图像部分添加蒙版。
- 按钮 2：如果图像没有选区，可直接单击"图层"调板底部的"添加图层蒙版"按钮，为整个图像添加蒙版。
- 按钮 3：单击工具箱中的"以快速蒙版模式编辑"按钮，并用工具在图像编辑窗口的图像上进行涂抹，将会在图像中产生一个快速蒙版。
- 命令 1：选择"图层"→"图层蒙版"→"显示全部"命令，即可为当前图层添加蒙版。
- 命令 2：选择"图层"→"矢量蒙版"→"显示全部"命令，即可为当前图层添加矢量蒙版。

下面举例说明图层蒙版的使用方法。

（1）选择"文件"→"打开"命令，打开风景和人物素材图像，如图 8-33 所示。

图 8-33　风景和人物素材图像

（2）确认风景素材图像为当前编辑图像，选取工具箱中的移动工具，将其移至人物图像窗口内，按【Ctrl+T】组合键，调出变换控制框，按住【Shift+Ctrl】组合键的同时，向内拖动右上角的控制柄至合适位置，按【Enter】键确定变换操作，效果如图 8-34 所示。

（3）单击"图层"调板底部的"添加蒙版图层"按钮 □，为其添加图层蒙版，然后选取工具箱中的画笔工具，在工具属性栏中设置合适大小的画笔，"硬度"为 0%，并在"图层 1"人物的四周进行绘制，效果如图 8-35 所示。

图 8-34　调入图像　　　　　　　　　图 8-35　添加蒙版图层效果

8.4.3　关闭图层蒙版

关闭图层蒙版有以下三种方法：

- 命令：当图像添加了蒙版后，选择"图层"→"图层蒙版"→"停用"命令，即可将蒙版关闭，"图层"调板中添加的蒙版上将出现红色的叉号，如图 8-36 所示。

图 8-36　原图像与执行"停用"命令的图像

- 快捷键：当图像添加蒙版后，按住【Shift】键的同时，单击"图层"调板中的"图层蒙版缩览图"按钮 ▊。
- 快捷菜单：在"图层"调板中的"图层蒙版缩览"图标 ☐ 上右击，在弹出的快捷菜单中选择"停用图层蒙版"命令。

8.4.4　蒙版转换为通道

将快速蒙版切换为标准模式后，单击"选择"→"存储选区"命令，弹出"存储选区"对话框，如图 8-37 所示。采用默认设置，单击"确定"按钮，即可将临时蒙版创建的选区转换为永久性的 Alpha 通道，如图 8-38 所示。

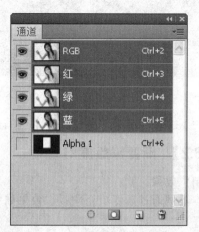

图 8-37　"存储选区"对话框　　　　　图 8-38　创建 Alpha 通道

8.5　经典案例——蒙版通道专项实训

【例 8.1】　通道描边

制作效果：

本案例通过将通道的选区调用，然后描边，效果如图 8-39 所示。

制作步骤：

（1）按【Ctrl+O】组合键，打开素材图像，如图 8-40 所示。

图 8-39　效果图　　　　　　　　　　　　　　　　图 8-40　打开素材

（2）单击"通道"面板，并选择"Alpha1"通道，如图 8-41 所示。

（3）按住【Ctrl】键单击通道"Alpha1"的名称以载入其选区，如图 8-42 所示。

（4）设置前景色为白色，选择"编辑"→"描边"命令，弹出"描边"对话框，设置参数，如图 8-43 所示。

图 8-41　"通道"面板　　　　　图 8-42　载入选区　　　　　图 8-43　"描边"对话框

（5）单击"确定"按钮，按【Ctrl+D】组合键取消选区，得到如图 8-39 所示的效果。

【例 8.2】　渐变蒙版虚幻背景

制作效果：

本案例通过渐变填充蒙版，效果如图 8-44 所示。

图 8-44　效果

制作步骤：

（1）按【Ctrl+O】组合键，打开"人物""背景"素材图像，如图 8-45 所示。

图 8-45　打开素材

（2）将人物素材图像拖拽至背景素材图像中，并调整其大小及位置，如图 8-46 所示。

图 8-46　调整素材

（3）单击"图层"调板中的"添加图层蒙版"按钮 ⬜，在"人物"图层上创建图层蒙版，然后选择渐变工具 ⬛，单击"点按可编辑渐变"图标，打开"渐变编辑器"窗口（见图 8-47），设置渐变色为黑白渐变，黑白线性渐变填充蒙版（见图 8-48），效果如图 8-49 所示。

图 8-47　"渐变编辑器"窗口

图 8-48　渐变填充蒙版

图 8-49　渐变填充效果

（4）在背景图层与人物图层之间新建图层（见图 8-50），然后选择人物图层，按【Ctrl+E】组合键合并图层，如图 8-51 所示。

（5）单击"图层"调板中的"添加图层蒙版"按钮 ▢，在人物图层上创建图层蒙版，然后选择渐变工具 ▢，单击"点按可编辑渐变"图标，打开"渐变编辑器"窗口，设置渐变色为黑白渐变，黑白线性渐变填充蒙版（见图 8-52），效果如图 8-44 所示。

图 8-50　新建图层

图 8-51　合并图层

图 8-52　渐变填充蒙版

【例 8.3】　绚丽多彩的通道

制作效果：

本案例通过将 RGB 各自通道扭曲变形，效果如图 8-53 所示。

制作步骤：

（1）选择"文件"→"新建"命令，在弹出的"新建"对话框中设置"名称"为"绚丽多彩的通道"，"宽度"为 500 像素，"高度"为 500 像素，"分辨率"为 72 像素/英寸，"颜色模式"为"RGB 颜色"，如图 8-54 所示，设置完成后单击"确定"按钮，创建一个新文件。

（2）填充背景色为黑色，然后选择渐变工具 ，单击"点按可编辑渐变"图标，打开"渐变编辑器"窗口（见图 8-55），设置渐变色为黑白渐变，再单击其属性栏中的"径向渐变"按钮 ，设置渐变属性如图 8-56 所示，将鼠标指针移至图像窗口，并向外围拖动鼠标，反复多次绘制出如图 8-57 所示的渐变效果。

图 8-53　效果　　　　图 8-54　"新建"对话框　　　图 8-55　"渐变编辑器"窗口

图 8-56　渐变属性

（3）单击"通道"面板，并选择"红"通道，然后选择"滤镜"→"扭曲"→"极坐标"命令，弹出"极坐标"对话框，如图 8-58 所示，选中"极坐标到平面坐标"单选按钮单击"确定"按钮，效果如图 8-59 所示。

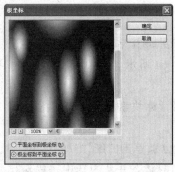
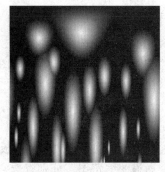

图 8-57　渐变效果　　　　图 8-58　"极坐标"对话框　　　图 8-59　极坐标效果

（4）单击"通道"面板，并选择"绿"通道，然后选择"滤镜"→"扭曲"→"旋转扭曲"命令，弹出"旋转扭曲"对话框，如图 8-60 所示，单击"确定"按钮，效果如图 8-61 所示。

（5）单击"通道"面板，并选择"绿"通道，然后选择"滤镜"→"扭曲"→"挤压"命令，弹出"挤压"对话框，如图 8-62 所示，设置"数量"为 100%，单击"确定"按钮，效果如图 8-63 所示。

图 8-60　"旋转扭曲"对话框

图 8-61　旋转扭曲效果

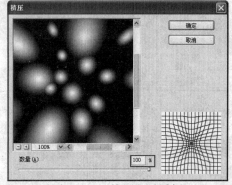

图 8-62　"挤压"对话框

图 8-63　挤压效果

（6）单击"通道"面板，并选择"RGB"通道，最终效果如图 8-53 所示。

【例 8.4】 冰酷苹果

制作效果：

本案例先选择冰块通道，然后将其粘贴到苹果图像中，并设置其图层模式，效果如图 8-64 所示。

制作步骤：

（1）按【Ctrl+O】组合键，打开冰块素材图像，如图 8-65 所示。

（2）切换至"通道"调板并分别单击"红""绿""蓝"3 个通道的缩览图，分别查看它们的状态并从中选中一幅对比度较好的通道。本例中绿色通道对比度较好（见图 8-66），

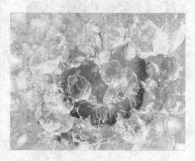

图 8-64　冰酷苹果效果图

复制"绿"色通道得到"绿副本"，此时的"通道"调板如图 8-67 所示。

（3）选择"图像"→"调整"→"色阶"命令，弹出"色阶"对话框，在对话框中拖动"滑块"，调整参数如图 8-68 所示，单击"确定"按钮，效果如图 8-69 所示。

（4）按【Ctrl】键单击"绿副本"的缩览图以载入其选区，切换至"图层"调板并单击"背景"图层，然后按【Ctrl+C】组合键执行"复制"操作。打开苹果素材文件（见图 8-70），按【Ctrl+V】组合键，执行"粘贴"操作，效果如图 8-71 所示。

图 8-65　素材冰块

图 8-66　绿色通道

图 8-67　复制通道

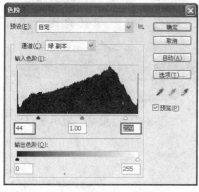

图 8-68　"色阶"对话框

图 8-69　色阶调整效果

图 8-70　素材文件

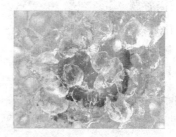

图 8-71　粘贴效果

（5）单击"图层"调板，设置"图层 1"的混合模式为"柔光"（见图 8-72），效果如图 8-73 所示。

图 8-72　设置图层模式

图 8-73　"柔光"效果

（6）复制"图层 1"得到"图层 1 副本"，并设置该图层混合模式为"强光"，效果如图 8-74 所示。

（7）单击"创建新的填充或调整图层"按钮 ，在弹出的菜单中选择"曲线"命令，设置弹出的对话框，如图 8-75 所示，得到图 8-64 所示的效果。

图 8-74　设置图层模式

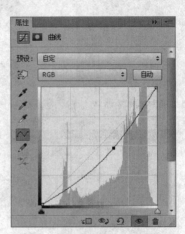

图 8-75　"曲线"对话框

习　题

一、简答题

1. 什么是 Alpha 通道？

2. 新建通道有哪几种方法？

3. 如何分离和合并通道？

二、上机操作

运用通道与蒙版制作图 8-76 所示的运动鞋广告。

图 8-76　效果图

第 9 章

图像滤镜的应用

Photoshop CS6 提供了强大的滤镜功能，用于修饰美化图片，处理图像的各种效果。Photoshop 所有"滤镜"都按类别放置在"滤镜"菜单中，使用时只需从该菜单中执行这些"滤镜"命令即可完成。

本章重点与难点

◎ 扭曲滤镜使用；
◎ 模糊滤镜使用。

9.1 滤 镜 介 绍

本节将分别对滤镜的使用规则和技巧、滤镜库中的命令及 Photoshop CS6 内置滤镜的使用进行讲解。

9.1.1 滤镜的使用规则和技巧

Photoshop 的所有滤镜都按类别放置在"滤镜"菜单中，使用时只需单击这些滤镜命令即可完成。所有滤镜的使用都有以下几个相同的特点，只有遵守这些使用规则和技巧，才能准确、有效地使用滤镜功能。

- Photoshop 会针对选取区域进行滤镜效果处理，如果没有定义选区，则对整个图像作处理。
- 如果当前选中的是某一图层或某一通道，则只对当前图层或通道起作用。
- 滤镜的处理效果是以像素为单位的，因此，滤镜的处理效果与图像的分辨率有关，相同的参数处理不同分辨率的图像，其效果是不相同的。
- 只对局部图像进行滤镜效果处理时，可以为选区设定羽化值，使被处理的区域能自然地与源图像融合，减少突兀的感觉。
- 执行完一个滤镜命令后，在"滤镜"菜单的第一行会出现刚才使用过的滤镜命令，单击它可快速重复执行相同的滤镜命令。若使用键盘，则需按【Ctrl+F】组合键；如果按【Ctrl+Alt+F】组合键，则会重新打开上一次执行的滤镜设置对话框。

- 在任意滤镜设置对话框中按【Alt】键，对话框中的"取消"按钮就会变成"复位"按钮，单击该按钮可以恢复到刚打开对话框时的状态。
- 在"位图""索引"和"16 位通道"色彩模式下不能使用滤镜。此外，不同的色彩模式其使用范围也不同，在 CMYK 和 Lab 模式下，部分滤镜不能使用，如"风格化""素描"和"渲染"等滤镜。
- 使用"编辑"菜单下的"还原"和"后退一步"命令可以对比执行滤镜前后的效果。

9.1.2 "滤镜库"命令

在 Photoshop 中用户可以使用"滤镜库"命令快速而方便地应用滤镜。要使用"滤镜库"命令，可以选择"滤镜"→"滤镜库"命令，Photoshop 将打开图 9-1 所示的"滤镜库"对话框。

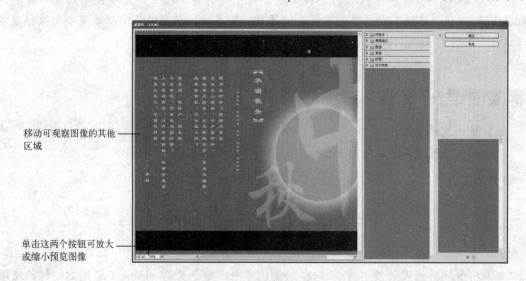

图 9-1 "滤镜库"对话框

- 在"滤镜库"对话框中集中放置了一组常用滤镜，并分别放置在不同的滤镜组中。例如，要使用"玻璃"滤镜，可先单击"扭曲"滤镜组名，展开滤镜文件夹，然后单击"玻璃"滤镜即可。同时，选中某个滤镜后，在其右侧选项区会自动显示该滤镜的相关参数，用户可根据情况进行调整。
- 此外，在对话框右下角选项区中，可通过单击"新建效果图层"按钮 🔲 增加滤镜层，从而可对图像一次运用多个滤镜。要删除某个滤镜，可以先选中该滤镜，再单击"删除效果图层"按钮 🗑。

9.2　常用滤镜命令使用

滤镜是 Photoshop 中神奇的功能之一，同时也是最具有吸引力的功能。通过滤镜功能，能为图像创建各种不同的视觉效果，让看似平淡无奇的图像在瞬间成为具有视觉冲击力的艺术作品，犹如魔术师在舞台上变魔术一样，把我们带到一个神奇而又充满魔幻色彩的图像世界。

9.2.1　像素化滤镜

"像素化"滤镜组主要是使单元格中相近颜色值的像素结成块，以重新定义图像或选区，从而产生晶格状、点状及马赛克等特殊效果。

9.2.2　"彩色半调"滤镜

该滤镜是在图像的每个通道上使用放大的半调网屏的效果。对于每个通道，滤镜均将图像划分为矩形，并用圆形替换每个矩形。圆形的大小与矩形的亮度成比例。

单击"滤镜"→"像素化"→"彩色半调"命令，弹出"彩色半调"对话框，如图 9-2 所示，效果如图 9-3 所示。

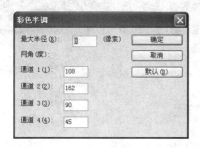

图 9-2　"彩色半调"对话框

图 9-3　执行"彩色半调"滤镜前后的效果

该对话框中的"最大半径"数值框是为半调网点最大半径输入一个以像素为单位的值，其取值范围为 4～127 之间。"网角"选区，用于设置网点与实际水平线的夹角，可以为一个或多个通道输入网角值，对于灰度图像只使用"通道 1"；对于 RGB 图像，则使用"通道 1""通道 2"和"通道 3"，分别对应红色、绿色和蓝色通道；对于 CMYK 图像，4 个通道均可使用，分别对应青色、洋红、黄色和黑色通道。

9.2.3　"晶格化"滤镜

"晶格化"滤镜可以使像素以结块形式显示，形成多边形纯色色块。单击"滤镜"→"像素化"→"晶格化"命令，弹出"晶格化"对话框，如图 9-4 所示。

该对话框中只有一个"单元格大小"参数，其取值范围为 3%～300%，用于控制最后生成的色块大小。图 9-5 所示为执行"晶格化"滤镜前后的效果。

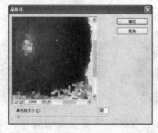

图 9-4　"晶格化"对话框

图 9-5　执行"晶格化"滤镜前后的效果

9.2.4 "马赛克"滤镜

"马赛克"滤镜可以使像素结为方块。给定块中的像素颜色相同，块颜色代表选区中的颜色。其对话框如图 9-6 所示，在该对话框中，"单元格大小"值取决于每个"马赛克"的大小。图 9-7 所示为执行"马赛克"滤镜后的效果。

图 9-6 "马赛克"对话框   图 9-7 执行"马赛克"滤镜后的效果

9.3 扭 曲 滤 镜

"扭曲"滤镜组中主要是对图像进行几何扭曲、创建 3D 或其他图形效果。该滤镜组包括 12 种滤镜。

9.3.1 "波纹"滤镜

"波纹"滤镜可以通过将图像像素移位进行图像变换，或者对波纹的数量和大小进行控制，从而生成波纹效果。

单击"滤镜"→"扭曲"→"波纹"命令，弹出"波纹"对话框，如图 9-8 所示。执行"波纹"滤镜前后的效果如图 9-9 所示。

图 9-8 "波纹"对话框   图 9-9 执行"波纹"滤镜前后的效果

9.3.2　"玻璃"滤镜

使用"玻璃"滤镜可以使图像看起来像透过不同类型的玻璃看到的效果。

单击"滤镜"→"扭曲"→"玻璃"命令，弹出"玻璃"对话框，如图 9-10 所示。执行"玻璃"滤镜前后的效果如图 9-11 所示。

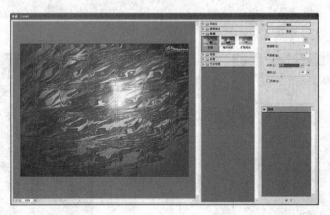

图 9-10　"玻璃"对话框

图 9-11　执行"玻璃"滤镜前后的效果

9.3.3　"极坐标"滤镜

"极坐标"滤镜可以将选择的选区从平面坐标转换为极坐标，或将选区从极坐标转换为平面坐标，从而产生扭曲变形的图像效果。

单击"滤镜"→"扭曲"→"极坐标"命令，弹出"极坐标"对话框，如图 9-12 所示。执行"极坐标"滤镜前后的效果如图 9-13 所示。

图 9-12　"极坐标"对话框

图 9-13　执行"极坐标"滤镜前后的效果

9.3.4 "切变"滤镜

"切变"滤镜可以通过调整曲线框中的曲线条来扭曲图像。

单击"滤镜"→"扭曲"→"切变"命令，弹出"切变"对话框，如图 9-14 所示。在该对话框中选中"折回"单选按钮，Photoshop CS6 将使用图像中的边缘填充未定义的空白区域；若选中"重复边缘像素"单选按钮，则将按指定的方向扩充图像的边缘像素。执行"切变"滤镜前后的效果如图 9-15 所示。

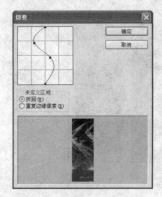

图 9-14　"切变"对话框

图 9-15　执行"切变"滤镜前后的效果

9.3.5 "水波"滤镜

"水波"滤镜可以使图像生成类似池塘波纹和旋转的效果，该滤镜适用于制作同心圆类的波纹效果。

单击"滤镜"→"扭曲"→"水波"命令，弹出"水波"对话框，如图 9-16 所示。执行"水波"滤镜前后的效果如图 9-17 所示。

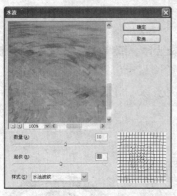

图 9-16　"水波"对话框

图 9-17　执行"水波"滤镜前后的效果

9.4　杂　色　滤　镜

"杂色"滤镜组提供了 5 种滤镜，即减少杂色、蒙尘与划痕、去斑、添加杂色和中间值。

9.4.1　"添加杂色"滤镜

"添加杂色"滤镜可在图像中应用随机图像像素产生颗粒状效果。

单击"滤镜"→"杂色"→"添加杂色"命令，弹出"添加杂色"对话框，如图 9-18 所示。

该对话框中的"数量"数值框用于设置在图像中添加杂色的数量；选中"平均分布"单选按钮，将会使用随机数值（0 加上或减去指定数值）分布杂色的颜色值以获得细微的效果；选中"高斯分布"单选按钮，将会沿一条曲线分布杂色的颜色以获得斑点效果；选中"单色"复选框，滤镜将仅应用图像中的色调元素，不添加其他的彩色。

执行"添加杂色"滤镜前后的效果如图 9-19 所示。

图 9-18　"添加杂色"对话框

图 9-19　执行"添加杂色"滤镜前后的效果

下面举例说明杂色滤镜使用方法。

（1）选取"文件"→"打开"命令，打开素材图像。图像中美女皮肤干燥，需要滋润，如图 9-20 所示。

（2）按键盘上的【Ctrl+J】组合键，将背景图层复制，得到背景副本图层。单击"滤镜"→"杂色"→"减少杂色"命令，在弹出的"减少杂色"对话框中（见图 9-21）选中"高级"选项，单击"每通道"按钮，选取"红"通道，设置强度为 10，保留细节为 100%（见图 9-22）。同样分别设置"绿"通道强度为 10，保留细节为 0%（见图 9-23），"蓝"通道强度为 10，保留细节为 0%（见图 9-24），单击"确定"按钮，效果如图 9-25 所示。

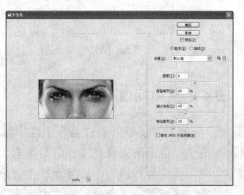

图 9-20　打开文件

图 9-21　"减少杂色"对话框

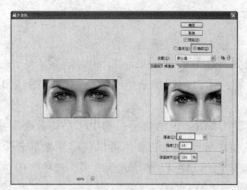

图 9-22　设置红通道

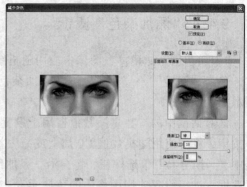

图 9-23　设置绿通道

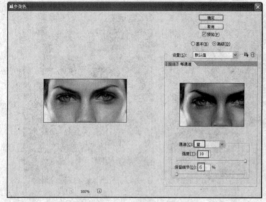

图 9-24　设置蓝通道

图 9-25　添加杂色后的效果

（3）单击"滤镜"→"锐化"→"USM 锐化"命令，在弹出的对话框中设置"数量"为 80，"半径"为 1.5，"阈值"为 4（见图 9-26），单击"确定"按钮，效果如图 9-27 所示。

图 9-26　"USM 锐化"对话框

图 9-27　效果图

9.4.2　"中间值"滤镜

"中间值"滤镜可以通过混合选区中像素的亮度来减少图像的杂色。该滤镜通过搜索像素选区的半径范围来查找亮度相近的像素，清除与相邻像素差异太大的像素，并将搜索到的像素的中间亮度值替换为中心像素。"中间值"滤镜在消除或减少图像的动感效果中非常有用。

单击"滤镜"→"杂色"→"中间值"命令，弹出"中间值"对话框，如图 9-28 所示。执行"中间值"滤镜前后的效果如图 9-29 所示。

图 9-28　"中间值"对话框

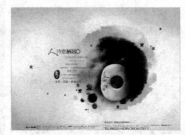 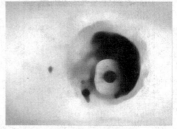

图 9-29　执行"中间值"滤镜前后的效果

9.5　模　糊　滤　镜

使用"模糊"滤镜组中的滤镜可以柔化选区或整个图像,以产生平滑过渡的效果。该滤镜组也可以去除图像中的杂色使图像显得柔和。"模糊"滤镜组包括 11 种滤镜,其中一些滤镜可以起到修饰图像的作用,另外一些滤镜可以为图像增加动感效果。

9.5.1　"动感模糊"滤镜

使用"动感模糊"滤镜可以模拟拍摄运动物体时产生的动感模糊效果。

单击"滤镜"→"模糊"→"动感模糊"命令,弹出"动感模糊"对话框,如图 9-30 所示。

该对话框中的"角度"选项可用于设置动感模糊的方向;"距离"选项可以控制"动感模糊"的强度,数值越大,模糊效果就越强烈。

执行"动感模糊"滤镜前后的效果如图 9-31 所示。

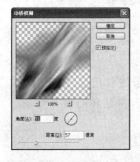 

图 9-30　"动感模糊"对话框　　　　图 9-31　执行"动感模糊"滤镜前后的效果

9.5.2　"高斯模糊"滤镜

"高斯模糊"滤镜可以通过控制模糊半径对图像进行模糊效果处理。该滤镜可用来添加低频细节,并产生一种朦胧效果。

单击"滤镜"→"模糊"→"高斯模糊"命令，弹出"高斯模糊"对话框，如图 9-32 所示。执行"高斯模糊"滤镜前后的效果如图 9-33 所示。

图 9-32　"高斯模糊"对话框　　　　图 9-33　执行"高斯模糊"滤镜前后的效果

9.5.3　"径向模糊"滤镜

"径向模糊"滤镜可以生成旋转模糊或从中心向外辐射的模糊效果。

单击"滤镜"→"模糊"→"径向模糊"命令，弹出"径向模糊"对话框，如图 9-34 所示。执行"径向模糊"滤镜前后的效果如图 9-35 所示。

图 9-34　"径向模糊"对话框　　　　图 9-35　执行"径向模糊"滤镜前后的效果

9.6　风格化滤镜

"风格化"滤镜组中的滤镜是通过置换像素和查找并增加图像的对比度，在选区中生成绘画或印象派的效果。其中包括查找边缘、风、浮雕效果、扩散、拼贴和凸出等滤镜。

9.6.1　"风"滤镜

"风"滤镜可为图像增加一些短水平线，以生成风吹的效果，单击"滤镜"→"风格化"→"风"命令，弹出"风"对话框，如图 9-36 所示。

该对话框中的"方法"选项区用于设置起风的方式，包括"风""大风"和"飓风"3 种；"方向"选项区用于确定风吹的方向，包括"从左"和"从右"两个方向。

执行"风"滤镜前后的效果如图 9-37 所示。

图 9-36 "风"对话框

图 9-37 执行"风"滤镜前后的效果

9.6.2 "浮雕效果"滤镜

"浮雕效果"滤镜通过将选区的填充色转换为灰色，并用原填充色描边，从而使选区显示凸起或凹陷效果。单击"滤镜"→"风格化"→"浮雕效果"命令，弹出"浮雕效果"对话框，如图 9-38 所示。执行"浮雕效果"滤镜前后的效果如图 9-39 所示。

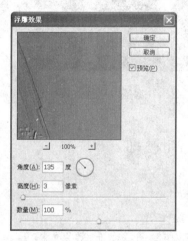

图 9-38 "浮雕效果"对话框

图 9-39 执行"浮雕效果"滤镜前后的效果

9.6.3 "拼贴"滤镜

"拼贴"滤镜可以将图像分解为一系列拼贴，使选区偏离其原来的位置。单击"滤镜"→"风格化"→"拼贴"命令，弹出"拼贴"对话框，如图 9-40 所示。

该对话框中的"拼贴数"文本框用于设置图像高度方向上分割块的数量；"最大位移"文本框用于设置生成方块偏移的距离；"填充空白区域用"选项区：可以选取该选项区中的选项填充拼贴之间的区域，即选中"背景色""前景颜色""反向图像"或"未改变的图像"单选按钮，将可使拼贴的图像效果位于原图像之上，并露出原图像中位于拼贴边缘下面的部分。图 9-41 所示为执行"拼贴"滤镜前后的效果。

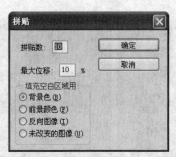

图 9-40 "拼贴"对话框

图 9-41 执行"拼贴"滤镜前后的效果

9.6.4 "凸出"滤镜

"凸出"滤镜可以根据对话框内的选项设置，将图像转化为一系列三维块或三维体。用它可以扭曲图像或创建特殊的三维背景。单击"滤镜"→"风格化"→"凸出"命令，弹出"凸出"对话框，如图 9-42 所示。执行"凸出"滤镜前后的效果如图 9-43 所示。

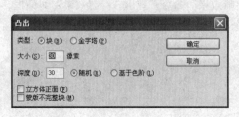

图 9-42 "凸出"对话框

图 9-43 执行"凸出"滤镜前后的效果

9.7 经典案例——滤镜专项实训

【例 9.1】 透视特效

制作效果：

本案例通过运用极坐标滤镜将图像圈起来，然后通过涂抹、仿制图章修饰，效果如图 9-44 所示。

图 9-44 透视特效效果图

制作步骤：

（1）按【Ctrl+O】组合键，打开素材建筑图像，如图 9-45 所示。

图 9-45　素材建筑图像

（2）选择"图像"→"图像大小"命令，弹出"图像大小"对话框，在对话框中设置"宽度"为 800 像素，"高度"为 800 像素，取消选中"约束比例"复选框，如图 9-46 所示，单击"确定"按钮，效果如图 9-47 所示。

图 9-46　"图像大小"对话框

图 9-47　调整图像大小效果

（3）选择"图像"→"图像旋转"→"180 度"命令，旋转图像效果如图 9-48 所示。

（4）选择"滤镜"→"扭曲"→"极坐标"命令，设置弹出的对话框，如图 9-49 所示，得到图 9-50 所示的效果。

图 9-48　旋转图像

图 9-49　"极坐标"对话框

图 9-50　调整后效果

（5）选择涂抹工具 ，在拼合处的缝隙进行涂抹，效果如图 9-51 所示。

（6）选择仿制图章工具 ，在拼合处的缝隙进行修复，效果如图 9-52 所示。

（7）选择椭圆选框工具 ，按住【Shift】键绘制一个较大的正圆，选择"选择"→"修改"→"羽化"命令，在弹出的"羽化选区"对话框中，设置"羽化半径"值为 20，如图 9-53 所示。

图 9-51　涂抹效果　　　　图 9-52　修复效果　　　　图 9-53　"羽化选区"对话框

（8）按【Ctrl + Shift + I】组合键反选，然后选择"滤镜"→"模糊→"径向模糊"命令，弹出对话框进行设置，如图 9-54 所示，径向模糊效果如图 9-55 所示。

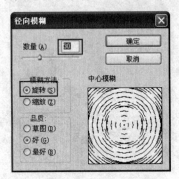

图 9-54　"径向模糊"对话框　　　　　图 9-55　径向模糊效果

【例9.2】 金属文字

制作效果：

本案例通过光照效果滤镜作用，制作凸突效果，然后色彩平衡调整，制作金属效果，如图 9-56 所示。

图 9-56　金属文字效果图

制作步骤：

（1）启动 Photoshop CS6 程序，选择"文件"→"新建"命令，在弹出的"新建"对话框中设置"名称"为"沙金文字","宽度"为 800 像素,"高度"为 400 像素,"分辨率"为 72 像素/英寸,"颜色模式"为"RGB 颜色","背景内容"为白色,如图 9-57 所示。设置完成后单击"确定"按钮,创建一个新文件。

（2）填充背景颜色值为（#D5CAA8），效果如图 9-58 所示。

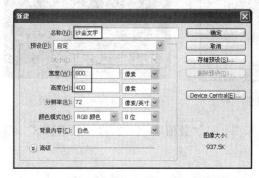

图 9-57 "新建"对话框

图 9-58 填充颜色

（3）选择横排文字工具 T，在图像窗口中输入文字"数字媒体",设置其颜色值为（#808080），其效果如图 9-59 所示。

（4）在文字图层"数字媒体"的名称上右击,在弹出的菜单中选择"栅格化文字"命令（见图 9-60），从而将当前层转换为普通图层。

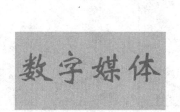

图 9-59 输入文字

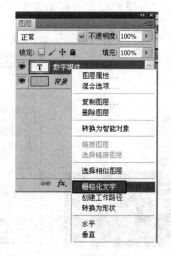

图 9-60 栅格化文字

（5）按住【Ctrl】键单击图层"数字媒体"的缩览图以载入其选区,切换至"通道"调板并将当前选区存储为 Alpha1,如图 9-61 所示。

（6）保存当前选区不变,单击 Alpha1 的缩览图进入其编辑状态。选择"滤镜"→"模糊"→"高斯模糊"命令,在弹出的对话框中设置"半径"值为 8（见图 9-62），单击"确定"按钮,得到图 9-63 所示的效果。

提示

由于当前文字的边缘载入了选区,所以只对选区内部的文字进行模糊。

Photoshop 图像处理与平面设计案例教程（第 2 版）

图 9-61　新建通道　　　　图 9-62　"高斯模糊"对话框　　　图 9-63　高斯模糊效果

（7）连续应用"高斯模糊"命令，分别设置其"半径"数值为 4、2、1，取消选区，得到图 9-64 所示的效果。

提　示

连续应用"高斯模糊"命令且数值越来越小，是为了保证模糊后图像的层次感，从而使光照后得到更好的凸起效果。

（8）切换至"图层"调板并选择图层"数字媒体"，选择"滤镜"→"模糊"→"高斯模糊"命令，在弹出的对话框中设置"半径"值为 1（见图 9-65），单击"确定"按钮，得到图 9-66 所示的效果。

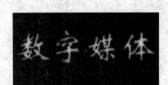

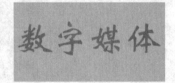

图 9-64　连续模糊效果　　　图 9-65　"高斯模糊"对话框　　　图 9-66　高斯模糊效果

（9）选择"滤镜"→"渲染"→"光照效果"命令，弹出对话框的设置如图 9-67 所示，单击"确定"按钮，得到图 9-68 所示的效果。

（10）选择"滤镜"→"杂色"→"添加杂色"命令，弹出对话框的设置如图 9-69 所示，单击"确定"按钮，得到图 9-70 所示的效果。

（11）按【Ctrl+M】组合键应用"曲线"命令，弹出对话框的设置如图 9-71 所示，单击"确定"按钮，得到图 9-72 所示的效果。

（12）按【Ctrl+B】组合键应用"色彩平衡"命令，分别设置弹出的对话框如图 9-73 所示，单击"确定"按钮，得到图 9-74 所示的效果。

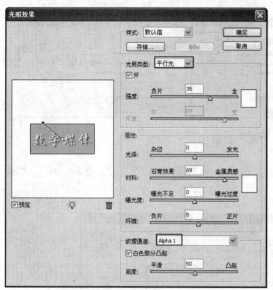

图 9-67　"光照效果"对话框

图 9-68　光照效果

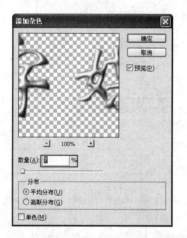

图 9-69　"添加杂色"对话框

图 9-70　添加杂色效果

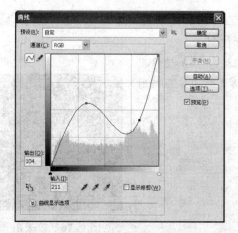

图 9-71　"曲线"对话框

图 9-72　调整效果

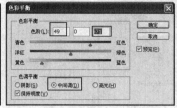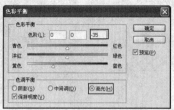

图 9-73　"色彩平衡"对话框

（13）选择"图层"→"图层样式"→"投影"命令，参数设置如图 9-75 所示，单击"确定"按钮，得到图 9-56 所示的效果。

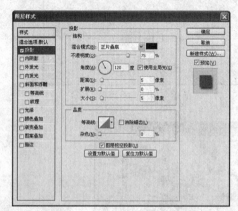

图 9-74　色彩平衡调整效果　　　　图 9-75　"投影"参数设置

习　　题

一、填空题

1．"＿＿＿＿＿＿"滤镜允许用户在包含透视平面（如建筑物侧面或任何矩形对象）的图像中进行透视校正编辑。

2．使用"＿＿＿＿＿＿"滤镜，可以使图像生成强烈的波纹效果，与"＿＿＿＿＿＿"滤镜不同的是，使用"波浪"滤镜可以对波长及振幅进行控制。

3．使用"＿＿＿＿＿＿"滤镜，可以减少在弱光或高 ISO 值情况下拍摄的照片中的粒状噪点，以及移除＿＿＿＿＿＿格式的图像压缩时产生的噪点。

二、简答题

1．滤镜的使用规则有哪些？

2．滤镜的使用技巧有哪些？

3．"动感模糊"滤镜的特点是什么？

三、上机操作

运用滤镜制作梦幻效果，如图 9-76 所示。

图 9-76　效果图

第 10 章

任务自动化

在 Photoshop 中可以使用动作来自动执行很多操作，从而产生一种类似于编制程序的效果。这一功能在进行大量重复性工作时尤其有用。动作就是播放单个文件或一批文件的一系列命令。例如，可以创建这样一个动作：它先应用"图像大小"命令将图像更改为特定的像素大小，然后应用"USM 锐化"滤镜再次锐化细节，最后应用"存储"命令将文件存储为所需的格式。

大多数命令和工具操作都可以记录在动作中。动作可以包含停止，可以执行无法记录的任务(如使用绘图工具等)。动作也可以包含模态控制，可以在播放动作时在对话框中输入值。动作是快捷批处理的基础，而快捷批处理是小应用程序，可以自动处理拖移到其图标上的所有文件。

Photoshop 和 ImageReady 都包含许多预定义的动作，不过 Photoshop 中的可记录功能要比 ImageReady 中多得多。可以按原样使用这些预定义的动作，根据自己的需要来定义它们，或者创建新动作。

本章重点与难点

◎　动作调板；

◎　动作使用。

10.1　动 作 调 板

选择"窗口"→"显示动作"命令，显示"动作"调板，如图 10-1 所示。在 Photoshop 中，动作组合为"组"的形式，可以创建新的"组"以便更好地组织动作。

该调板中各主要选项的含义如下：

● 默认动作：Photoshop CS6 中只有一个默认动作组，在组名称的左侧显示一个▽图标，表示这是一组动作的集合。

- "切换对话开/关"图标 ▣：当动作文件（或动作）名称前出现该图标且为红色时，表示该动作文件中部分动作（或命令）包含了暂停操作，且在暂停操作命令前以黑色显示该图标。
- "切换项目开/关"图标 ✔：可设置允许/禁止执行动作中的动作、选定动作或动作中的命令。例如，若只希望执行动作中的部分命令，可使用该图标进行控制。
- "展开/折叠"图标 ▷：单击该图标，可以展开/折叠动作组中的所有动作、动作中的所有命令或命令中的参数列表。
- "创建新组"按钮 ▢：单击该按钮，可以新建一个动作组，以便存放新的动作。
- "停止播放/记录"按钮 ▣：单击该按钮，可以停止当前的录制操作，该按钮只有在开始记录按钮被按下时才可以使用。
- "开始记录"按钮 ●：单击该按钮，可以录制一个新的动作，新建的动作将出现在当前选定的文件夹中。
- "播放选定的动作"按钮 ▶：单击该按钮，可以执行当前选定的动作。
- "创建新动作"按钮 ⬐：单击该按钮，可以建立一个新的动作，新建的动作将出现在当前选定的文件夹中。
- "动作"调板菜单按钮 ▾☰：单击该按钮，将弹出"动作"调板菜单，如图 10-2 所示。用户可以从中选择所需的功能选项。

图 10-1 "动作"调板

图 10-2 "动作"调板菜单

10.2 动 作 使 用

10.2.1 录制动作

在 Photoshop 中创建动作与 Word 中创建宏一样，是通过录制进行的。

单击"开始录制"按钮 ●，在 Photoshop 中执行一系列操作，就可以把这些操作记录成动作。动作录制完成后，可以播放它。播放动作就如同播放磁带一样，每播放一次，就将动作中记录的操作重新进行一次。

10.2.2 播放动作

动作记录完成后，Photoshop 可以播放整个动作，或者从动作中间的一个命令开始播放，或者只播放一个单独的命令。

在动作面板中选择动作的名称，然后单击"播放"按钮，可播放整个动作。在动作面板中选择一个命令，单击播放按钮，将从被选择的命令开始播放动作。

下面将举例对其加以说明：

（1）选择"文件"→"打开"命令，打开一幅素材图像，如图 10-3 所示。

（2）选择"窗口"→"动作"命令，弹出"动作"调板，如图 10-4 所示。

图 10-3　素材图像

图 10-4　"动作"调板

（3）单击该调板中自带的"木质画框-50 像素"动作，单击"动作"调板底部的"播放选定的动作"按钮，进行动作操作，此时，窗口中将弹出一个提示信息框，如图 10-5 所示。

（4）在该对话框中单击"继续"按钮，继续进行动作操作，直到得到图 10-6 所示的相框效果。

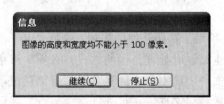

图 10-5　提示信息框

图 10-6　相框效果

10.3　批　处　理

使用"批处理"命令可对文件中的每一个文件播放动作。例如，如果使用扫描仪或者数字摄像机得到了很多图像，这些图像都需要进行同样的处理，使用批处理命令是最合适的。

批处理的另一个重要用途是用于视频合成。Photoshop 的有些功能，使用视频合成软件是无法完成的，此时，可以使用批处理命令一帧一帧地处理视频图像。

为了加快处理的速度，可以减少历史中存储的历史状态的数量，并清除历史记录选项对话框中的自动创建第一个快照复选框。

选择"文件"→"自动"→"批处理"命令，可以弹出"批处理"对话框，如图 10-7 所示。

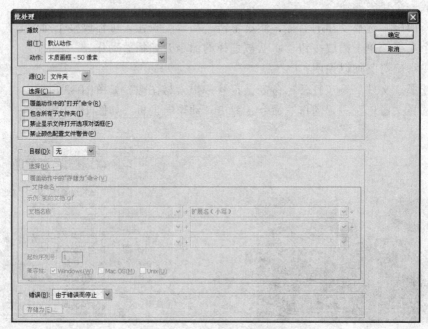

图 10-7　"批处理"对话框

对话框中主要选项含义如下。

- "禁止颜色配置文件警告"复选框：选中该复选框，可以关闭颜色方案信息的显示。
- "目标"下拉列表框：在该下拉列表框中选择"无"选项，则对处理后的图像文件不做任何操作；选择"存储并关闭"选项，则将文件存储在其当前位置，并覆盖原来的文件；选择"文件夹"选项，则将处理过的文件存储到另一个位置。单击下方的"选择"按钮可以指定目标文件夹。
- "错误"下拉列表框：在该下拉列表框中可选择用于错误处理的选项。选择"由于错误而停止"选项可以指定在动作执行过程中发生错误时处理错误的方式；选择"将错误记录到文件"选项，可以将每个错误记录在文件中而不停止进程。如果有错误记录到文件中，处理完毕后将出现一条信息。要查看错误文件，在批处理命令运行之后可使用文本编辑器将错误文件打开。对文件进行批处理时，可以打开或关闭所有的文件并存储对原文件的更改，或将修改后的文件存储到新位置（原始版本保持不变）。但是在此之前应该先为处理过的文件创建一个新文件夹。

要使用多个动作进行批处理，可创建一个播放所有动作的新动作，然后使用新动作进行批处理。要批处理多个文件，则可在一个文件夹中创建要处理的文件夹的别名，再选中"包含所有子文件夹"复选框。

10.4　经典案例——动作专项实训

【例 10.1】　调色动作载入

制作效果：

本案例通过载入调色动作进行图像处理，效果如图 10-8 所示。

制作步骤：

（1）按【Ctrl+O】组合键，打开素材图像，如图 10-9 所示。

图 10-8　效果图

图 10-9　素材

（2）选择"窗口"→"动作"命令，弹出"动作"调板，单击"动作"调板按钮 ，在弹出的菜单栏中选择"载入动作"选项（见图 10-10），在弹出的"载入"对话框中选择动作，如图 10-11 所示，然后单击"载入"按钮。

图 10-10　载入动作

图 10-11　"载入"对话框

（3）选择载入的动作，单击 ▶ 按钮（见图 10-12），产生如图 10-8 所示的效果。

【例 10.2】 图案设计制作

制作效果：

本案例主要运用动作命令制作图案，产生由外到里逐渐变小的，如图 10-13 所示。

图 10-12　播放动作

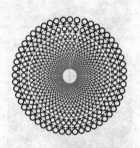

图 10-13　图案设计效果

制作步骤：

（1）启动 Photoshop CS6 程序，选择"文件"→"新建"命令，在弹出的"新建"对话框中设置"名称"为图案，"宽度"为 400 像素，"高度"为 400 像素，"分辨率"为 72 像素/英寸、"颜色模式"为"RGB 颜色"，"背景内容"为白色，如图 10-14 所示。设置完成后单击"确定"按钮，创建一个新文件。

（2）选择"视图"→"显示"→"标尺"命令，然后选择"移动工具"，调整辅助线如图 10-15 所示。

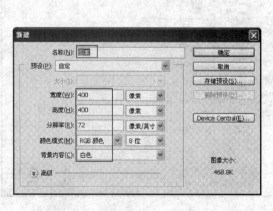

图 10-14　"新建"对话框

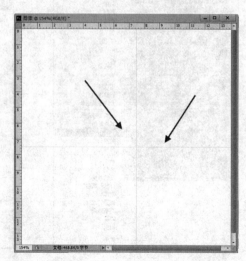

图 10-15　调整辅助线

（3）单击"图层"调板中的"创建新图层"按钮 ，新建"图层 1"。选择自定形状工具 ，在其属性栏中设置如图 10-16 所示。

图 10-16　自定形状属性栏

（4）在窗口中绘制图形，效果如图 10-17 所示。

（5）选择"窗口"→"动作"命令，弹出"动作"调板，单击"动作"调板底部的"创建新动作"按钮 ，创建新动作，如图 10-18 所示。

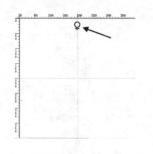

图 10-17　绘制图形

图 10-18　创建新动作

（6）将"图层 1"复制，得到"图层 1 副本"，如图 10-19 所示。按【Ctrl+T】组合键，自由变换，然后按住【Alt】键，将变换中心点移动至图 10-20 所示位置。

图 10-19　复制图层

图 10-20　变换中心点位置

（7）将"图层 1 副本"图形旋转一定的角度（见图 10-21），按【Enter】键确认变换。

（8）单击"动作"调板中的"停止播放/记录"按钮 ，停止记录动作，然后反复单击"播放选定的动作"按钮 ，多次复制图案，效果如图 10-22 所示。

（9）单击"图层"调板，单击背景图层"可视性"按钮 （见图 10-23），将其隐藏，效果如图 10-24 所示。

（10）选择"图层"→"合并可见图层"命令，如图 10-25 所示。

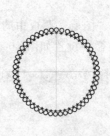

图 10-21　旋转　　　　　　　　　　图 10-22　多次复制效果

图 10-23　隐藏背景层　　　　图 10-24　隐藏背景层效果　　　图 10-25　合并可见图层

（11）单击背景图层"可视性"按钮 ，将其显示。然后选择"窗口"→"动作"命令，弹出"动作"调板，单击"动作"调板底部的"创建新动作"按钮 ，创建新动作。将"图层 1"复制，得到"图层 1 副本"。然后按【Ctrl+T】组合键，自由变换，按住【Shift+Alt】键，以中心点变形，效果如图 10-26 所示。

（12）按【Enter】键确认变形操作，单击"动作"调板中的"停止播放/记录"按钮 ，停止记录动作，然后反复单击"播放选定的动作"按钮 ，多次复制图案效果，如图 10-13 所示。

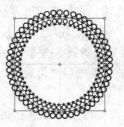

图 10-26　自由变换

习　　题

一、简答题

1. 播放动作的方法有哪几种？

2. 如何创建动作组？

3. 如何复制、移动和删除动作中的命令？

二、上机操作

制作图 10-27 所示的 Disc 艺术效果。利用渐变填充及动感模糊制作具有动感效果的背景，然后通过图层样式及动作制作主体部分，画面生动活泼。

图 10-27　效果图

第 11 章

色 彩 设 计

色彩搭配是门看似简单，其实又很深奥的学问。画画的人可能会遇到这种情况：刚开始很顺手，画面在朝着好的方面发展，画到途中时效果非常好，觉得一幅好画就要诞生了，但往往在画完后，并没有达到理想的效果，有时甚至还有些令人失望。同样，美术设计师也一定有过这样的经历：有时设计出的作品色彩搭配和谐美观，有时却怎么设计也得不到令人满意的效果，这些都很有可能是由于还没有完全掌握色彩搭配的原理和技巧造成的。

本章重点与难点

◎ 色彩搭配技巧；

◎ 色彩关系。

11.1 色彩搭配原理及技巧

运用不同的色彩，作品的外观风格有所不同，作品给人的感觉也不同。也就说，色彩作为传达作品形象的首位视觉要素，会在观众脑中留下长久的印象。即使观众无法清楚地记住自己看过的作品的外形特征，至少能够容易地想起作品的色彩。也就是说，色彩作为最直接的视觉语言，可以让人很容易地联想到色彩及其相关的视觉要素，如作品的主色、辅助色、强调色。

11.1.1 红色系

红色象征着火，能够强烈地刺激情感。从光学特征上来讲，红色的波长最长，在亮度相同的条件下，红色最显眼；红色能够在最短的时间内刺激感觉神经，给人的情感带来最快速的影响。色彩疗法指出，红色能促使分泌肾上腺素，加快心跳，提高血压和脉搏数，增加人的不安和紧张情绪。总之，红色给人的印象就是具有强烈的力量，给人温暖的感觉；同时又包含着恐怖和危险性，如图 11-1 所示。

图 11-1　红色系

11.1.2　黄色系

黄色是唤起注意和警觉的代表色彩。黄色具有唤起人们快速、直观的洞察力及视线集中的效果，常用于学校校车，道路中央标志线、禁止通行路障、警告牌等，成为了警告的象征色彩。黄色的视线集中效果与情感搭配的话效果更佳，蓝色、红色也是增添黄色膨胀效果的有效色彩。黄色属于膨胀色，具有视觉上的膨胀效果，多用于商品包装，比如超市的柜台上黄色包装商品往往比其他商品更醒目。从古至今，金黄色一直是太阳神的象征，同样也是权力的象征色彩，如图 11-2 所示。

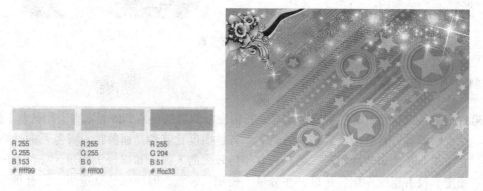

图 11-2　黄色系

11.1.3　橙色系

橙色带给人的是朝气与活力、积极向上的感觉。橙色的特点是具有容易与人亲近的亲和力，也是社交文化氛围浓厚的现代社会的时代色彩。橙色不能发挥出很强的视线集中效果，但是可以唤起不同人群的注意。随着网络文化的普及和发展，橙色被广泛地运用到色彩营销中。橙色与蓝色搭配可以增加安定、安静、沉稳的感觉，如图 11-3 所示。

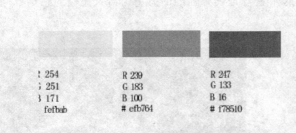

: 254	R 239	R 247
251	G 183	G 133
171	B 100	B 16
fefbab	# efb764	# f78510

图 11-3　橙色系

11.1.4　绿色系

绿色多数是植物色彩。在自然界中除了天与海，绿色所占面积最大。在人们的印象中，绿色的范围是从黄绿到青绿，实际上，正确的范围应以草绿色为中心，左右各 18° 范围内为准。绿色的刺激和明度均不高，性质极为温和，属于中性偏冷的色彩，多数人喜好此色，如图 11-4 所示。

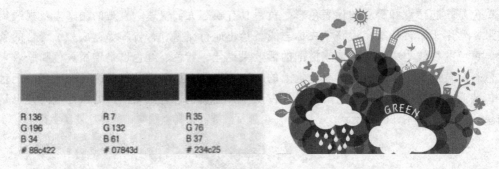

R 136	R 7	R 35
G 196	G 132	G 76
B 34	B 61	B 37
# 88c422	# 07843d	# 234c25

图 11-4　绿色系

11.1.5　青色系

通常指的是天青色，该色系包括偏青紫和偏青绿两边的色彩，诸如水青、孔雀蓝、拂青、钴青、绀青、群青、普鲁士蓝等在内的色彩。青色明度比蓝色高而鲜艳，青色系的性格颇为冷静，它与朱红色的刺激性相反，尤其适宜年龄较大的人或者知识分子使用。青色系的色彩沉着、稳定、没有错觉变化，所以，在分量、面积、轻重、时间的感觉应用上，有很多地方值得人们研究，如图 11-5 所示。

R 136	R 70	R 99
G 203	G 208	G 191
B 200	B 204	B 159
# 88cbc8	# 49d0cc	# 63bf9f

图 11-5　青色系

11.1.6　紫色系

紫色是中性色之一，它的视认性不如注目性，即视觉效果不如感受效果大。女性尤其是成熟的女性，更适宜使用紫色系。它是女性最喜欢的颜色之一，具有成熟老练的特征，如图 11-6 所示。

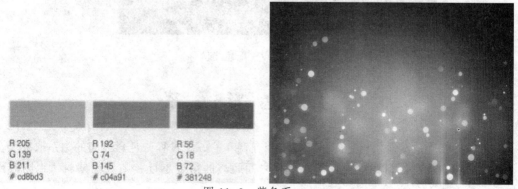

R 205	R 192	R 56
G 139	G 74	G 18
B 211	B 145	B 72
# cd8bd3	# c04a91	# 381248

图 11-6　紫色系

11.1.7　白色系

白色是中性色（属无彩色），除了温度心理外，从明视度及注目性上说，它是高而活泼的色彩，尤其是在配色上，白色的地位很高，具有能普遍参与色彩活动的特性。它的反射率最高，对生理和心理的刺激很大。白色虽然没有色相和纯度上的变化，但因反射率的不同，也会产生偏冷或偏暖的感觉，或是通过对比产生补色倾向。

11.1.8　黑色系

黑色在心理上是一种很特殊的色彩（属无彩色），它本身无刺激性，但是可以与其他色彩搭配而增加刺激。黑色不但代表无光的夜晚，也可代表休息，一切超脱的境界等。黑色具有明度要素的变化，可以加进各种不同的色相里，使其色彩、纯度、明度降低。

11.1.9　灰色系

灰色是种地道的中性色彩，它是由黑色加白色产生的浅黑色。它的视认性和注目性都很低，而且色彩性质比较顺从，不但不干涉其他色彩，还易于和其他色彩混合在一起，并且具有协调其他色彩的作用。灰色的色彩从浅灰色到暗灰色，层次变化很多，其色彩感觉各异。

11.2　配色比例

日本设计师提出黄金比例配色法，即 70:25:5（见图 11-7），其中 70% 为大面积使用的主色，25% 为辅色，5% 为点缀色。一般情况下建议画面色彩不超过 3 种，3 种是指的 3 种色相，比如深红和暗红即可视为一种色相。

颜色越少画面越简洁，作品会显得更加成熟。颜色越少越容易控制画面，除了有特殊情况，如一些节日类的海报，要求画面有一种热闹、活动的氛围，多些颜色可以使画面显得很活跃。颜色越多越要严格按照比例来分配颜色，不然会使得画面非常混乱，难以控制。

图 11-7　配色比例

11.3　色 彩 关 系

色彩搭配就是不同色相之间相互呼应相互调和的一个过程，色彩之间的关系取决于在色相环上的位置（见图 11-8），色相和色相之间距离的角度越近，则对比越弱，否则对比越强烈。

图 11-8　色相环

11.3.1　相邻色搭配

在色相环中挨着较近的就是邻色，根据红橙黄绿蓝紫这六字顺序，相邻色搭配就是红+橙，橙+黄，黄+绿，绿+蓝等，以此类推，相邻色在 12 色相环中的位置相距 90°以内，如图 11-9 所示。

相邻色因为比较近，有很强的关联性，所以这种搭配视觉冲击较弱，非常协调柔和，画面非常和谐统一，可以制造出一种柔和温馨的感觉。图 11-10 所示的画面以相邻色为主色调，加了一笔橙色起到点缀的作用，整体画面非常柔和协调，因此这类配色常用于家居、棉织品、小清新淡雅的服装、中国风等能给人以宁静、柔和、传统感觉的产品。

相近色搭配中还有一种单色系的搭配方式，采用同一色相，仅仅调整该色的明度/饱和度，得到另外一种颜色，如图 11-11 所示，文字颜色就是用背景色降低饱和度/明度后的结果。本身背景色明度很高，又采用单色搭配手法，所以给人高雅、淡雅、宁静的感觉（见图 11-11）。主标题的字体配合整个画面采用了一些变形处理，使得整体非常统一和谐。

图 11-9　相邻色

图 11-10　相邻色为主色调效果

图 11-11　单色系搭配效果图

11.3.2　间隔色搭配

根据红橙黄绿蓝紫这六字顺序，红+黄，橙+绿，黄+蓝，绿+紫，蓝+红，这种搭配方式中间都隔了一个颜色，因此称为间隔色，间隔色在 12 色相环中的位置相距 120°，如图 11-12 所示。

间隔色与相邻色相比而言，两色之间在色相环上相隔远一些，因此视觉冲击力会强于相邻色，间隔色既没有 180° 互补色冲击力那么具有刺激性，又比相邻色多了一些明快活泼、对比的感觉，因此使用非常广泛，特别是红黄蓝三原色之间的相互搭配应用非常广泛也非常流行，图 11-13 所示是由典型的三原色红黄蓝组合，画面颜色比例控制得非常好，以蓝色为点缀，也采用了白色作为调和缓冲，使得画面有一定的空间感。

图 11-12　间隔色

图 11-13　效果图

11.3.3　红蓝搭配

红蓝搭配应用非常广泛，因为这两个颜色是典型的冷暖结合的颜色，有很强的对比性，会给人留下很深刻的印象。如百度的 Logo、百事可乐的 Logo、公安的警车、超人、蜘蛛侠的动漫形象，很多国家的国旗等。这两种色彩对比很容易让人视觉疲劳心理亢进，所以不适用家居等静物。由于红蓝搭配冲击过于强烈，因此最常见的是采用白色作为调和色，最典型的就是百事可乐的 Logo，如图 11-14 所示。

红蓝搭配还要注意的是不能让色彩过于均衡，一定要控制好两色的比例，其中一个要为主色，在画面中要占大比例，使之产生主次关系，或者降低其中一个颜色的明度/饱和度，产生一种明暗对比，如图 11-15 所示。

图 11-14　百事可乐 Logo 效果图

图 11-15　明暗对比效果图

11.3.4　互补色搭配

在色相图中相隔 180° 的两个颜色互为补色，是色彩搭配中对比最为强烈的颜色，根据红橙黄绿蓝紫这六字顺序，互补色就是中间间隔两个颜色，红+绿，橙+蓝，黄+紫等。互补色搭配可以表现一种力量、气势与活力，有非常强烈的视觉冲击力，而且也是非常现代时尚的搭配，如图 11-16 所示。

图 11-16　互补色效果图

互补色搭配要注意三个方面：1. 一定要控制好画面的色彩比例，因为这两色放在一起对抗非常激烈，所以一定要选出一个色为主色调，另外一方作为点缀或辅助色。2. 还可以降低其中一方的明度/饱和度，这样可以产生一种明暗对比，缓冲其对抗性。3. 在画面中加入黑/白作为调和色进一步缓冲其对抗的特性。

11.4　经典案例——色彩专项实训

【例 11.1】　服装广告设计

制作效果：

本案例为互补色红+绿，有非常强烈的视觉冲击力，而且也是非常现代时尚的搭配，以绿色为主色调，降低红色明度/饱和度，缓冲其对抗效果，画面中加入黑/白作为调和色进一步缓冲其对抗的特性，效果如图 11-17 所示。

图 11-17　效果图

制作步骤：

（1）单击"文件"→"打开"命令，打开背景素材图像，如图 11-18 所示。

图 11-18　素材

（2）新建图层，使用多边形套索工具，绘制图 11-19 所示的选区形状，然后填充颜色值为（#eba791），效果如图 11-20 所示。

图 11-19　选区形状

图 11-20　填充效果

（3）取消选区，选择"图层"→"图层样式"→"斜面和浮雕"命令，在弹出的"图层样式"对话框中设置参数，如图 11-21 所示，单击"确定"按钮，效果如图 11-22 所示。

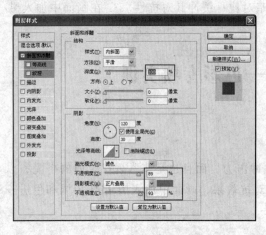

图 11-21　"图层样式"对话框　　　　　　　　图 11-22　图层样式效果

（4）用文本工具输入"集合复古与潮流一体，优雅曲线典型呈现"文字，设置其字体与大小，效果如图 11-23 所示。

图 11-23　输入文字

（5）新建图层，选择工具箱中的椭圆选框工具，按住【Shift】键，绘制圆，用颜色值为（#eba791）描边，然后使用多边形套索工具绘制选区形状，然后填充颜色值为（#eba791），效果如图 11-24 所示。

图 11-24　填充颜色

（6）用文本工具输入"5折包邮"文字，设置其字体与大小，效果如图 11-25 所示。

图 11-25　输入文字

（7）单击"图层"调板中的"创建新图层"按钮 □，新建图层。设置前景色为（#eba791），选择自定形状工具 ▧，在其属性栏中设置如图 11-26 所示。

（8）在图像中绘制图形，效果如图 11-27 所示。

图 11-26　自定形状工具属性栏

图 11-27　绘制图形

（9）用文本工具输入图 11-28 所示的文字，并设置其大小及位置，然后将"原价158"文字上绘制红线，效果如图 11-29 所示。

图 11-28　输入文字

图 11-29　绘制红线

（10）用文本工具输入"颠覆传统，优雅不凡"文字，然后将文字用绿色到深绿色填充，效果如图 11-30 所示。

图 11-30　输入文字

（11）将人物素材导入图像中，调整其大小及位置，效果如图 11-17 所示。

【例 11.2】 体育广告设计

制作效果：

本案例以红色为主，加上黄色的搭配，整个画面似乎充满了活力。白色的文字与背景深红色产生了鲜明的对比，让整个画面更加活跃，更有气氛。这样有活力的版面，才能使火炬永久燃烧（色彩搭配如图 11-31 所示），最终效果如图 11-32 所示。

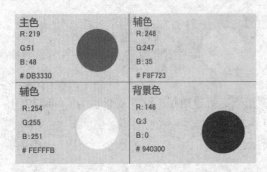

图 11-31 色彩搭配

图 11-32 最终效果图

制作步骤：

（1）单击"文件"→"打开"命令，打开背景素材图像，如图 11-33 所示。

（2）单击"文件"→"打开"命令，打开"图案"素材图像，并将其拖动至背景文件中，得到图层 1。按【Ctrl + T】组合键调出自由变换控制框，按住【Shift】键将其等比例缩小，效果如图 11-34 所示。按【Enter】键确认变换。

图 11-33 背景素材

图 11-34 调整图案

（3）用同样方法将其他素材导入背景文件，调整后效果如图 11-35 所示。

（4）将前面处理的素材图层的"不透明度"降低为 50%，效果如图 11-36 所示。

图 11-35 导入其他素材效果

图 11-36 降低图层不透明度

（5）单击"文件"→"打开"命令，打开"人物"素材图像，并将其拖动至背景文件中。按【Ctrl＋T】组合键调出自由变换控制框，按住【Shift】键将其等比例缩小，效果如图 11-37 所示。按【Enter】键确认变换。

（6）在工具箱中选择横排文字工具 **T**，然后在其工具属性栏中设置文字的字体、字号、颜色等参数，输入英文文字效果如图 11-38 所示。

图 11-37　导入人物素材

图 11-38　输入文字效果

习　题

一、简答题

1. 什么是红色系？

2. 什么是黄金比例配色法？

二、上机操作

制作图 11-39 所示的化妆品广告。以绿色为背景，整体给人以清淡舒畅的感觉，版面简单明了，一幅化妆的人面像和一瓶化妆品构成了一条对角线，将画面的上下部分联系起来。

图 11-39　效果图

第 12 章

抠 图

"抠图"是图像处理中最常做的操作之一，将图像中需要的部分从画面中精确地提取出来，我们就称为抠图，抠图是后续图像处理的重要基础。初学者掌握最基础的 Photoshop 知识就能完美地抠出图像。

本章重点与难点

◎ 钢笔抠图；

◎ 通道抠图。

12.1 抠 图 分 类

Photoshop 抠图分为选区法和滤镜法两种方法，选区法分为直接选取、间接（颜色）选取两种方法，直接选取包括选框工具、套索工具、魔棒工具、橡皮擦工具、历史画笔工具等；间接（颜色）选取包括蒙版、通道、色彩范围、混合颜色、计算通道、色阶、图层模式、通道混合器等。滤镜法分为自带"抽出"滤镜法和外挂滤镜法。

12.2 经典案例——抠图专项实训

【例 12.1】 图层模式抠图

制作效果：

通过图层模式的设置进行抠图，效果如图 12-1 所示。

制作步骤：

（1）按【Ctrl+O】组合键，打开素材"背景"图像，如图 12-2 所示。

图 12-1　效果图

图 12-2　背景素材

（2）按【Ctrl+O】组合键，打开素材"花"图像，将其调入图像中，调整其大小及位置，效果如图 12-3 所示。

（3）单击"图层"调板，设置"图层 1"的混合模式为"滤色"（见图 12-4），效果如图 12-1 所示。

图 12-3　调入图像

图 12-4　设置图层模式

提　示

黑色背景的图片用"滤色"模式，白色背景的图片用"正片叠底"模式，效果如图 12-5 所示。

图 12-5　设置不同的图层模式效果

【例 12.2】　魔棒抠图

制作效果：

通过魔棒进行抠图，效果如图 12-6 所示。

图 12-6　效果图

制作步骤：

（1）按【Ctrl+O】组合键，打开素材"背景"、"水果"图像，如图 12-7 所示。

图 12-7　素材

（2）将"水果"调入"背景"图像中，调整其大小及位置，效果如图 12-8 所示。

（3）将图层模式设置为"正常"，选择工具箱中的魔棒工具，按【Shift】键，反复单击"水果"图像中的白色部分，如图 12-9 所示。

图 12-8　调整图像大小　　　　　　　　图 12-9　魔棒选择

（4）按【Del】键，删除选区内容，取消选区。

提　示

白色背景虽然去除，但"水果"叶因"图层模式"改变也变化。

（5）单击"图层"调板，设置"图层 1"的混合模式为"正片叠底"，效果如图 12-10 所示。

图 12-10　设置图层模式

【例 12.3】　图层样式抠图

制作效果：

通过图层模式进行抠图，效果如图 12-11 所示。

制作步骤：

（1）按【Ctrl+O】组合键，打开素材"树"图像，如图 12-12 所示。

图 12-11　效果图

图 12-12　素材

（2）将背景图层复制，得到"背景副本"，并隐藏"背景"图层，然后在预览窗口双击，弹出"图层样式"对话框，如图 12-13 所示。

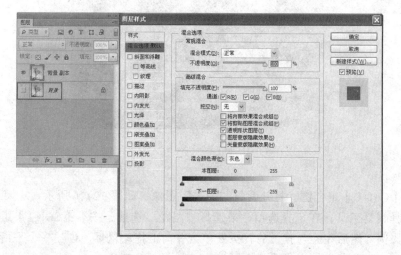

图 12-13　"图层样式"对话框

（3）在"图层样式"对话框中设置"本图层"参数为 130，如图 12-14 所示，单击"确定"按钮，得到抠图效果如图 12-11 所示。

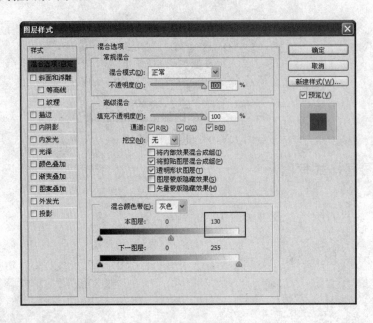

图 12-14　设置图层样式

【例 12.4】　钢笔抠图

制作效果：

钢笔工具是重要的抠图工具，它可以非常准确地描摹出对象的轮廓，将轮廓转换为选区后便可选中对象。该工具特别适合对边缘光滑，并且呈现不规则状的对象抠图，本案例效果如图 12-15 所示。

图 12-15　效果图

制作步骤：

（1）按【Ctrl+O】组合键，打开素材"陶艺"图像，如图 12-16 所示。

（2）选择钢笔工具，在工具选项栏中选择"路径"选项，按下【Ctrl++】组合键，放大窗口的显示比例，然后在脸与脖子的转折处单击并向上拖动鼠标，创建一个平滑点；向上移动光标，单击并拖动鼠标，生成第二个平滑点，如图 12-17 所示。

（3）在脸部与头发处创建第三、第四个平滑点，如图 12-18 所示，然后按住【Alt】键在第三个平滑点上单击一下，拖动鼠标将其转换为曲线，如图 12-19 所示。

图 12-16　素材

图 12-17　绘制路径

图 12-18　创建平滑点

（4）继续用钢笔工具绘制陶艺术的外廓，外轮廓绘制完成后，在路径的起点上单击，将路径封闭，如图 12-20 所示。

（5）在工具选项栏中按下"从路径区域减去"按钮，进行路径运算，在两个胳膊的空隙处绘制路径，如图 12-21 所示。

图 12-19　转换曲线

图 12-20　绘制封闭路径

图 12-21　路径运算

（6）按【Ctrl+Enter】组合键，将路径转换为选区，如图 12-22 所示。按【Ctrl+J】组合键复制图层，隐藏"背景"图层，效果如图 12-23 所示。

图 12-22　路径转换选区

图 12-23　隐藏"背景"图层

（7）按【Ctrl+O】组合键，打开素材"布艺"图像，将抠出的"陶艺"图像调入，并调整其大小及位置，效果如图 12-15 所示。

【例 12.5】 通道抠图

制作效果：

本案例运用通道选择方法进行抠图，通道选择方法一般先通过调整对比度大的通道色阶增加其对比度，然后再选择，效果如图 12-24 所示。

制作步骤：

（1）按【Ctrl+O】组合键，打开素材图像，如图 12-25 所示。

图 12-24　效果图　　　　　　　　　　图 12-25　素材图像

（2）切换至"通道"调板并分别单击"红"、"绿"、"蓝" 3 个通道的缩览图，分别查看它们的状态，如图 12-26 所示，并从中选中一幅对比度较好的通道。

图 12-26　通道缩览图

（3）蓝色通道对比度较好，复制"蓝"色通道得到"蓝副本"，此时的"通道"调板如图 12-27 所示。

（4）选择"图像"→"调整"→"色阶"命令，弹出"色阶"对话框，在对话框中拖动"滑块"，调整参数，如图 12-28 所示，单击"确定"按钮，效果如图 12-29 所示。

图 12-27　复制蓝通道　　　　　　　　图 12-28　"色阶"对话框

（5）选择"选择"→"色彩范围"命令，弹出"色彩范围"对话框，在对话框中设置"选择"为"阴影"，如图 12-30 所示，单击"确定"按钮，选择效果如图 12-31 所示。

图 12-29　色阶调整

图 12-30　"色彩范围"对话框

（6）单击 RGB 通道缩览图，然后按【Ctrl+C】组合键复制，按【Ctrl+V】组合键粘贴，单击"图层"调板，单击背景图层"可视性" 👁 按钮（见图 12-32）将其隐藏，效果如图 12-24 所示。

图 12-31　选取效果

图 12-32　隐藏图层

习　　题

一、简答题

1. 常用 Photoshop 抠图方法有哪些？
2. 魔棒抠图主要适用哪些图像？

二、上机操作

制作如 12-33 所示的婚纱抠图效果。

抠婚纱是比较麻烦的，用单一抠图方法抠出的效果不是很理想，因为透明的婚纱融入了背景，背景如果很杂乱的话，婚纱就有很多杂物，通过抽出滤镜、通道、路径等方法抠图效果如图 12-33 所示。

图 12-33　效果图

第 13 章
包装与封面设计

包装装潢是依附在立体包装上的平面设计，是包装外观上的视觉形象，由文字、图案等各个要素构成。

本章重点与难点

◎ 包装创意的重要性；

◎ 包装创意的优势。

13.1 包装创意的重要性

"人要衣装，佛要金装"，商品更要有创意包装。有了好包装，商品才有可能在市场畅销，这是企业运作中的一张必胜"王牌"。在资讯爆炸的时代，企业唯有重视创意包装，商品才有可能传达出更多的信息，品牌才会在全球市场更具竞争力。

好的包装，对于销售将会起到关键性的作用。企业通过富有创意的 POP——这一有效的传播方式来进行产品促销，可以加大宣传力度。富有创意的包装手法不断翻新，对于销售必将是"临门一脚"。企业现在已开始清楚地认识到，光是货架传播是远远不够的。众多的国际性品牌都从价格战转战终端投入，上至天花板，下至地板，创意包装无处不在，如图 13-1 所示。

图 13-1 创意包装

13.2　创意包装的优势

13.2.1　视觉吸引

创意包装对吸引视觉起到关键作用。据一份资料表明，在美国一家经营 15 000 个产品项目的普通超级商场里，一般购物者大约每分钟浏览 300 件产品，假设 53%的购买活动属于冲动购买，那么，此时的包装效果就相当于 5s 的电视广告。因此，品牌包装的传播作用肯定超过一般的广告传播效果。企业要重视创意包装，在包装的视觉上、色彩的搭配上以及字体的选用上加大视觉刺激，使产品透过陈列架上的展示，吸引顾客的视觉，从而达到让人过目不忘的效果，企业才有可能在全球市场中与强劲品牌抗衡，如图 13-2 所示。

图 13-2　包装视觉吸引

13.2.2　提升价值

富有创意的包装，不但可以提高商品的价值感，还可以培养消费群体对品牌产生忠诚度。创意包装，是消费者择其所好之处，作为企业要有预测包装印象效果的能力，充分把握消费者通过包装散发出的好奇之心；在包装档次的提升中，提升出企业的价值感，真正达到"商品已富实物价值，包装造成心理价值"。因此，创意包装只有把握住消费者心理，才会把握住真正的价值，如图 13-3 所示。

图 13-3　品牌包装

13.2.3　理念传达

理念，就是灵魂，是一种风格，它可以强化产品的内涵，加深听众的印象，这种无形的包装，对于产品销售必将造成很大的影响。理念传达到位，让人感到实实在在的利益点，品牌才有升值的潜力。因此，企业在文案的撰写、话题的设计、标题的拟定中，都要务实，让创意的优势通过语言传播发挥出来，达到口碑效果，间接为企业、产品扬名，如图 13-4 所示。

图 13-4　理念传达包装

13.2.4　品牌识别

品牌识别是消费的前提，它在消费者的脑中只是一个粗略的或不清晰的印象，在这种印象下，当消费者一旦遇到企业或品牌时，就会产生一种亲切感。这种熟悉，常常会让消费者产生认同感，缩短消费者在购买产品时的决策时间，导致快速产生购买决定。可以说，没有品牌识别，要想让消费者认同你的企业、购买你的产品，几乎是不可能的。然而，有了品牌识别，便会为品牌提供一种熟悉的感觉，诸如可口可乐、IBM、奔驰、麦当劳等，这都是创意包装所赋予的，如图 13-5 所示。

图 13-5　可口可乐包装

13.3　包装色彩设计

色彩在包装设计中占有特别重要的地位。在竞争激烈的商品市场上，要使商品具有明显区别于其他产品的视觉特征，更富有诱惑消费者的魅力，更容易刺激和引导消费，以及增强人们对品牌的记忆，这都离不开色彩的设计与运用。

色彩设计的具体要求：

第一类，奢侈品，如化妆品中的高档香水、香皂以及女性服饰等；男性用如香烟、酒类、高级糖果、巧克力、异国情调名贵特产等。这种商品特别要求独特的个性，色彩设计需要具有特殊的气氛感和高价、名贵感。例如法国高档香水或化妆品，要有神秘的魅力，不可思议的气氛，显示出巴黎的浪漫情调。这类产品包装无论外形或是色彩都应设计得优雅大方。再如，男人嗜好的威士忌，包装设计要有 18 世纪法国贵族生活的特殊气氛。这类商品的包装应给人一种高价名牌的感觉。国内的"茅台酒""五粮液""泸州老窖"等极品包装，也在设计上开始向国际名牌看齐，如图 13-6 所示。

图 13-6　国际名牌包装

第二类，日常生活所需的食品，例如罐头、饼干、调味品、咖啡、红茶等。这类商品包装的色彩设计应具备两点特征：（1）引起消费者的食欲感；（2）要刻意突出产品形象，如矿泉水包装采用天蓝色，暗示凉爽和清纯，并用全透明的塑料瓶，充分显示产品的特征。目前国内这一类型的产品以广东的食品、饮料、矿泉水等较为成功，如图 13-7 所示。

图 13-7　饮料包装

第三类，大众化商品，如中低档化妆品、香皂、卫生防护用品等。这类商品定位于大众化市场，其包装色彩设计要求：（1）要显示出易于亲近的气氛感；（2）要表现出商品的优质感，如图 13-8 所示。

图 13-8　大众化包装

13.4　经典案例——包装与封面设计专项实训

【例 13.1】　香烟包装设计制作

制作效果：

本案例以红色为主体色，产品名称文字采用书法体，不论是从设计还是总体效果上来看，都起了画龙点睛的作用，效果如图 13-9 所示。

制作步骤：

（1）启动 Photoshop CS6 程序，选择"文件"→"新建"命令，在打开的"新建"对话框中设置"名称"为"包装展开图"，"宽度"为 360 像素，"高度"为 900 像素，"分辨率"为 72 像素/英寸，"颜色模式"为"RGB 颜色"，"背景内容"为白色，如图 13-10 所示。设置完成后单击"确定"按钮，创建一个新文件。

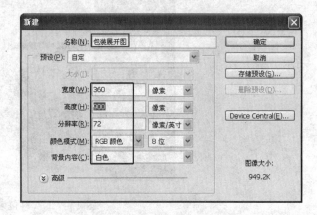

图 13-9　香烟包装效果图　　　　　　图 13-10　"新建"对话框

（2）选择放大镜工具 🔍，将上部分放大。单击"图层"调板中的"创建新图层"按钮 🔲，新建"图层 1"。选择多边形套索工具 📐，创建图 13-11 所示的选区，并填充红色。

（3）单击"图层"调板中的"创建新图层"按钮，新建"图层 2"。选择钢笔工具，绘制图 13-12 所示路径，然后单击"路径"调板中的"将路径作为选区载入"按钮，将路径转换为选区，并填充白色，取消选区效果如图 13-12 所示。

图 13-11　填充颜色

图 13-12　填充颜色

（4）将"图层 2"复制，向下移动一定距离。选择渐变工具，单击"点按可编辑渐变"图标，弹出"渐变编辑器"窗口（见图 13-13），设计第 1 标点颜色值为（#62151E），第 2 标点颜色值为（#B90824），再单击其属性栏中的"线性渐变"按钮，设置好渐变属性后，将鼠标指针移至图像窗口的上方，并向下方拖动鼠标，绘制出图 13-14 所示的渐变颜色。

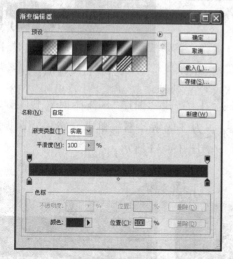

图 13-13　渐变编辑器

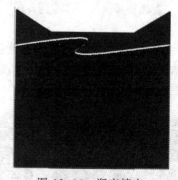

图 13-14　渐变填充

（5）按【Ctrl+O】组合键，打开"标志"素材图像，将其调入"包装展开图"文件中，按【Ctrl+T】组合键，自由变换，效果如图 13-15 所示。然后设置"标志"图层的混合模式为"柔光"，效果如图 13-16 所示。

（6）将前景色设置为白色，选择铅笔工具，在其工具属性栏中设置相应"铅笔"大小为 1，绘制图 13-17 所示线段。

（7）按【Ctrl+O】组合键，打开"大银河"素材图像，将其调入"包装展开图"文件中，按【Ctrl+T】组合键，自由变换，效果如图 13-18 所示。然后将其复制并自由变换，调整大小及位置，如图 13-19 所示。

（8）选择横排文字工具，在图像窗口中输入文字，其效果如图 13-20 所示。

图 13-15　自由变换

图 13-16　设置图层模式效果

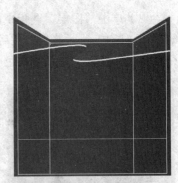

图 13-17　绘制线段

图 13-18　自由变换

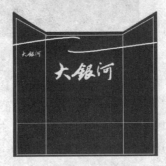

图 13-19　复制效果

图 13-20　输入文字

（9）按【Ctrl+O】组合键，打开"条形码"素材图像，将其调入"包装展开图"文件中，按【Ctrl+T】组合键，自由变换，效果如图 13-21 所示。

（10）选择横排文字工具 **T**，在图像窗口中输入文字，然后旋转 90°，其效果如图 13-22 所示。

（11）新建图层，将前景色设置黄色，选择铅笔工具 ，在其工具属性栏中设置相应"铅笔"大小为 1，绘制图 13-23 所示线段。

图 13-21　调入条形码

图 13-22　输入文字

图 13-23　绘制直线

（12）选择横排文字工具 **T**，在图像窗口中输入文字，其效果如图 13-24 所示。

（13）用同样方法制作包装其他部分，效果如图 13-25 所示。

（14）运用自由变换方法，制作立体效果，如图 13-26 所示。

图 13-24 输入文字   图 13-25 展开图效果   图 13-26 最终效果

【例 13.2】 学院宣传画册设计制作

制作效果：

本案例在设计中以学院风景为背景，体现了本土特色，同时在图像中加入跳动的线，给画面增加了灵动，效果如图 13-27 所示。

图 13-27 学院宣传画册效果图

制作步骤：

（1）启动 Photoshop CS6 程序，选择"文件"→"新建"命令，在弹出的"新建"对话框中设置"名称"为"学院招生宣传册封面"，"宽度"为 800 像素，"高度"为 556 像素，"分辨率"为 72 像素/英寸，"颜色模式"为"RGB 颜色"，"背景内容"为白色，如图 13-28 所示。设置完成后单击"确定"按钮，创建一个新文件。

（2）填充背景色为深红色，效果如图 13-29 所示。

（3）单击"图层"调板中的"创建新图层"按钮 ▣ ，新建"图层 1"。 选择矩形选框工具 ▣ ，创建矩形选区，然后填充白色，效果如图 13-30 所示。

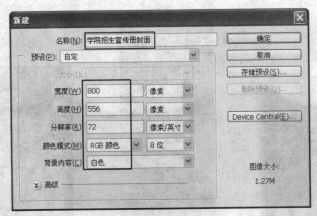

图 13-28 "新建"对话框

（4）按【Ctrl＋O】组合键，分别打开两幅素材图像，将其调入"学院招生宣传册封面"文件中，调整其大小及位置，如图 13-31 所示。

图 13-29　填充颜色　　　　图 13-30　填充白色效果　　　　图 13-31　导入素材

（5）单击"图层"调板中的"创建新图层"按钮 ，新建"图层"。选择钢笔工具 ，绘制图 13-32 所示路径，设置前景色为黄色，画笔大小为 3 像素，然后单击"路径"调板中的"用画笔描边路径"按钮 ，然后删除路径，效果如图 13-33 所示。

（6）选择魔棒工具 ，单击绘制曲线的下部分，创建图 13-34 所示选区，然后选取素材图像图层，按【Delete】键，删除选区内容，效果如图 13-35 所示。

图 13-32　绘制路径　　　　图 13-33　描边路径　　　　图 13-34　创建选区

（7）用同样方法制作其他曲线，效果如图 13-36 所示。

（8）按【Ctrl＋O】组合键，分别打开学院标志及校名书法素材图像，将其调入"学院招生宣传册封面"文件中，调整其大小及位置，如图 13-37 所示。

（9）选择横排文字工具 ，在图像窗口中输入文字，其效果如图 13-38 所示。

图 13-35 删除选区效果　　　　　　图 13-36 制作其他曲线

图 13-37 调入标志及校名　　　　　　图 13-38 最终效果

习　题

一、简答题

1. 包装创意的重要性是什么?

2. 创意包装的优势有哪几方面?

二、上机操作

运用前面所学知识制作图 13-39 所示包装效果。

图 13-39 包装效果

第 14 章

平面广告设计

广告信息已经成为人们生活中的重要组成部分。在充满信息及视觉传达的今天,广告起到了开阔视野、传递信息、促进社会进步和经济繁荣的作用。它影响着人类社会的生活方式与审美情趣的变化。广告信息引导着人们的消费,有力地促进了商品的流通,推动了经济的发展。平面设计能把一种概念和一种思想通过精美的构图、版式和色彩,展示给看到它的每一个人。只要掌握一些平面设计的规律和基本的操作方法,并且灵活运用,就能做出精美的作品。

本章重点与难点

- 平面广告构成要素;
- 平面广告内容构成;
- 广告创意。

14.1　平面广告构成要素

一幅平面广告是由造型与内容两大要素构成的,这些要素在广告中分别起着不同的作用。

造型构成要素有图形、商标、商品名、色彩等。

图形是平面广告的重要构成要素,图形形式有黑白画、彩色插画、摄影照片等,其表现形态可以是写实的、漫画的、装饰的、卡通的、变形的、抽象的。图形是用视觉艺术手段来传达商品或劳务信息的。图形的内容要突出商品或服务的个性,通俗易懂、简洁明快,有强烈的视觉冲击力。图形设计要把表现技法与广告主题密切结合起来,在整体广告策划引导下进行,发挥其有力的诉求效果。

商标是平面广告的眼睛，是消费者鉴别商品的重要标志。在广告设计中，它不是广告版面的装饰物，而是重要的构成要素。在整个广告版面中，商标造型最单纯、最简洁、最强烈，在瞬间就能识别，并能给消费者留下深刻的印象。

商品名与商标一样重要，字体设计要别具一格，要做到易识易记，使消费者过目难忘。

在平面广告设计中，色彩能增加广告版面的注目效果，表达商品的质感、特色，使广告更富有美感，如图14-1所示。

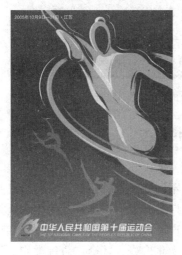

图 14-1　动感广告

14.2　平面广告内容构成

标题是表现广告主题的短文。它的作用是吸引读者，引起读者注目。标题在编排设计时要用注目的大号字，并且安排在版面的最佳视阈，配合画面造型的需要，运用视觉引导，使读者的视线自觉地从标题转移到图形、正文。

说明文是商品广告的正文，它真实地叙述商品的事实。文字应使用简洁而平易的日常语言，使读者感到平易近人，心悦诚服地信任商品，以达到商品促销的目的。广告说明文一般置于版面下方或左右方。文字编排以集中为宜。

标语也称作广告语，是用来配合标题、强化商品形象的简洁完整的短句。标语文字必须易读好记，可反复使用，来加深读者对商品的印象。编排时可放置在版面的突出位置。

公司名可以引导读者购买广告所宣传的商品，一般置于版面的下方或较次要的位置，也可以和商标配合使用。公司名包括公司地址、电话号码、邮政编码等内容。

平面广告的诸多要素构成一幅完整的平面广告设计。商品投入市场要先后经历四个阶段的商品生命周期：（1）导入期；（2）成长期；（3）成熟期；（4）衰退期。对于广告活动，在整体广告策划的引导下，"导入期""成长期"的商品广告必须具备以上全部广告要素。在这两个时期，消费者对商品从不了解到感兴趣，再逐渐认识商品并乐于使用。广告设计要根据商品的不同时期有不同的侧重点，以加深消费者对商品的认识程度，达到传达商品信息的目的，如图14-2所示。

图 14-2　标语广告

14.3　广　告　分　类

　　根据不同的需要和标准，可以将广告划分为不同的类别。按照广告的最终目的将广告分为商业广告和非商业广告，图 14-3 所示为商业广告；根据广告产品的生命周期划分，可以将广告分为产品导入期广告、产品成长期广告、产品成熟期广告、产品衰退期广告；或按照广告内容所涉及的领域将广告划分为经济广告、文化广告、社会广告等类别。不同的标准和角度有不同的分类方法，对广告类别的划分并没有绝对的界限，主要是为了提供一个切入的角度，以便更好地发挥广告的功效，更有效地制订广告策略，从而正确地选择和使用广告媒介。

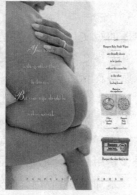

图 14-3　商业广告

14.4　广　告　创　意

　　随着我国经济持续高速增长，市场竞争日益激烈，竞争不断升级，商战已开始进入"智"战时期，广告也从以前的所谓"媒体大战""投入大战"上升到广告创意的竞争，"创意"一词成为我国广告界最流行的常用词。Creative 在英语中表示"创意"，其意思是创造、创建、造成。"创意"从字面上理解是"创造意象之意"，从这一层面进行挖掘，则广告创意是介于广告策划与广告表现制作之间的艺术构思活动。即根据广告主题，经过精心思考和策划，运用艺术手段，把所掌握的材料进行创造性的组合，以塑造一个意象的过程。简而言之，即广告主题意念的意象化。

为了更好地理解"广告创意"，有必要对意念、意象、表象、意境做一下解释。

"意念"指念头和想法。在艺术创作中，意念是作品所要表达的思想和观点，是作品内容的核心。在广告创意和设计中，意念即广告主题，它是指广告为了达到某种特定目的而要说明的观念。它是无形的、观念性的东西，必须借助某一有形的东西才能表达出来。任何艺术活动必须具备两个方面的要素：（1）客观事物本身，是艺术表现的对象；（2）表现客观事物的形象，是艺术表现的手段。将这两者有机地联系在一起的构思活动，就是创意。在艺术表现过程中，形象的选择是很重要的，因为它是传递客观事物信息的符号。一方面必须要比较确切地反映被表现事物的本质特征，另一方面又必须能为公众理解和接受。同时形象的新颖性也很重要。广告创意活动中，创作者也要力图寻找适当的艺术形象来表达广告主题意念，如果艺术形象选择不成功，就无法通过意念的传达去刺激、感染、说服消费者。

符合广告创作者思想的可用以表现商品和劳务特征的客观形象，在其未用作特定表现形式时称为表象。表象一般应当是广告受众比较熟悉的，而且最好是已在现实生活中被普遍定义的，能激起某种共同联想的客观形象。

在人们头脑中形成的表象经过创作者的感受、情感体验和理解作用，渗透进主观情感、情绪的一定的意味，经过一定的联想、夸大、浓缩、扭曲和变形，便转化为意象。

表象一旦转化为意象便具有了特定的含义和主观色彩。意象对客观事物及创作者意念的反映程度是不同的，其所能引发的受众的感觉也会有差别。用意象反映客观事物的格调和程度即为意境，也就是意象所能达到的境界。意境是衡量艺术作品质量的重要指标，如图 14-4 所示。

图 14-4　夸张广告

14.5　经典案例——广告设计专项实训

【例 14.1】　和谐广告设计制作

制作效果：

本案例为蓝色的天空、绿色的草地和白色的瀑布，组成一副和谐的画面，通过蒙版作用，将画面有机结合，同时通过图层样式的设置，增加了其整体效果，如图 14-5 所示。

图 14-5　和谐广告效果

制作步骤：

（1）启动 Photoshop CS6 程序，选择"文件"→"新建"命令，在弹出的"新建"对话框中设置"名称"为"和谐广告"，"宽度"为 30 厘米，"高度"为 15 厘米，"分辨率"为 100 像素/英寸，"颜色模式"为"CMYK 颜色"，"背景内容"为白色，如图 14-6 所示。设置完成后单击"确定"按钮，创建一个新文件。

（2）按【Ctrl+O】组合键，打开"背景"素材图像文件（见图 14-7），将其调入视图窗口中，调整其大小。

图 14-6　"新建"对话框　　　　　　　　图 14-7　"背景"素材

（3）按【Ctrl+O】组合键，打开"瀑布"素材图像文件（见图 14-8），将其调入视图窗口中，调整其大小。然后在"瀑布"素材图层面板中单击"添加图层蒙版"按钮，添加图层蒙版。选择画笔工具，将其前景色设置为黑色，在工具选项栏中将画笔直径调整合适并选取软画笔，在图层蒙版上随意绘制（见图 14-9），制作自然的遮去效果，如图 14-10 所示。

图 14-8　"瀑布"素材　　　图 14-9　添加图层蒙版　　　图 14-10　蒙版效果

（4）按【Ctrl+O】组合键，打开"标志"素材图像文件（见图 14-11），将其调入视图窗口中，调整其大小，效果如图 14-12 所示。

图 14-11　"标志"素材

图 14-12　将"标志"调入效果

（5）选择横排文字工具 **T**，在图像窗口中输入文字"奋斗中拥有"，然后在其属性栏中单击"创建文字变形"按钮，在弹出的"变形文字"对话框中设置如图 14-13 所示，单击"确定"按钮，效果如图 14-14 所示。

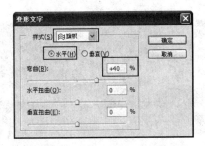

图 14-13　"变形文字"设置

图 14-14　文字效果

（6）选择"图层"→"图层样式"→"外发光"命令，在弹出的"图层样式"对话框中，选择渐变工具，设置渐变为白色到透明渐变，如图 14-15 所示，其他参数设置如图 14-16 所示，单击"确定"按钮，产生效果如图 14-17 所示。

图 14-15　"渐变"设置

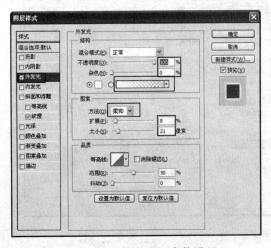

图 14-16　"外发光"参数设置

Photoshop 图像处理与平面设计案例教程（第2版）

图 14-17 "外发光"效果

（7）在"图层样式"对话框中选中"斜面和浮雕"复选框，其参数设置如图 14-18 所示，单击"确定"按钮，效果如图 14-19 所示。

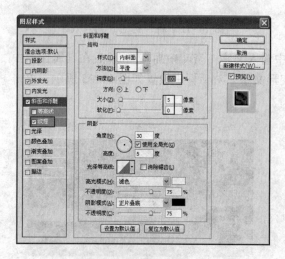

图 14-18 "斜面和浮雕"参数设置

图 14-19 "斜面和浮雕"效果

（8）在"图层样式"对话框中选中"描边"复选框，设置"描边"颜色为白色，其他参数设置如图 14-20 所示，单击"确定"按钮，效果如图 14-21 所示。

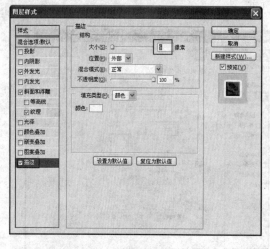

图 14-20 "描边"参数设置

图 14-21 "描边"效果

230

（9）按【Ctrl+O】组合键，打开"九子龙"书法图像文件（见图 14-22），将其调入视图窗口中，调整其大小，效果如图 14-23 所示。

图 14-22　打开素材图像　　　　　　　　　　　　图 14-23　调入素材效果

（10）选择"图层"→"图层样式"→"投影"命令，在弹出的"图层样式"对话框中设置参数，如图 14-24 所示，单击"确定"按钮，产生效果如图 14-25 所示。

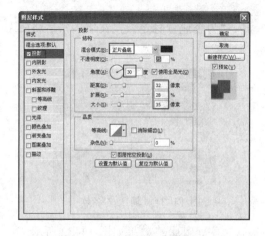

图 14-24　"投影"参数设置　　　　　　　　　　图 14-25　"投影"效果

（11）在"图层样式"对话框中选中"斜面和浮雕"复选框，其参数设置如图 14-26 所示，单击"确定"按钮，效果如图 14-27 所示。

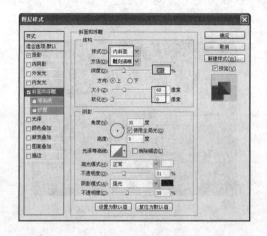

图 14-26　"斜面和浮雕"参数设置　　　　　　　图 14-27　"斜面和浮雕"效果

中设置"名称"为"盛大开幕广告","宽度"为 38 厘米,"高度"为 27 厘米,"分辨率"为 100 像素/英寸,"颜色模式"为"RGB 颜色","背景内容"为透明,如图 14-34 所示。设置完成后单击"确定"按钮,创建一个新文件。

（2）按【Ctrl+O】组合键,打开"背景"素材图像,将其调入"盛大开幕广告"文件中,调整其大小及位置,如图 14-35 所示。

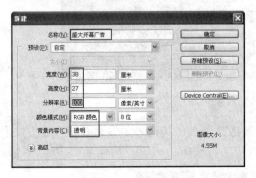

图 14-34　"新建"对话框

图 14-35　调入"背景"素材

（3）按【Ctrl+O】组合键,打开"指南针"素材图像,将其调入"盛大开幕广告"文件中,调整其大小及位置,如图 14-36 所示。

（4）按【Ctrl+O】组合键,打开"鸟巢"素材图像,将其调入"盛大开幕广告"文件中,调整其大小及位置,如图 14-37 所示。

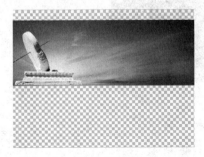

图 14-36　调入"指南针"素材

图 14-37　调入"鸟巢"素材

（5）在"鸟巢"素材图层面板中单击"添加图层蒙版"按钮 ,添加图层蒙版。选择渐变工具 ,黑白线性渐变填充蒙版（见图 14-38）,效果如图 14-39 所示。

图 14-38　蒙版图层

图 14-39　线性渐变填充蒙版效果

（6）选择矩形选框工具 ，创建上下两部分选区，然后填充红色，效果如图 14-40 所示。

图 14-40　填充效果

（7）按【Ctrl+O】组合键，打开"水立方"素材图像，将其调入"盛大开幕广告"文件中，调整其大小及位置，如图 14-41 所示。

图 14-41　调整素材

（8）选择"图层"→"图层样式"→"描边"命令，设置描边颜色为白色，其他参数设置如图 14-42 所示，单击"确定"按钮，效果如图 14-43 所示。

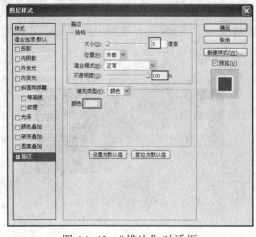

图 14-42　"描边"对话框　　　　　　　　　　　图 14-43　描边效果

（9）用同样方法制作其他图像效果如图 14-44 所示。

（10）选择横排文字工具 T，在图像窗口中输入文字，效果如图 14-45 所示。

图 14-44 制作其他图像效果

图 14-45 输入文字

（11）按【Ctrl+O】组合键，打开"盛大开幕文字"素材图像，将其调入"盛大开幕广告"文件中，调整其大小及位置，如图 14-46 所示。

（12）按【Ctrl+O】组合键，打开"书法文字"素材图像，将其调入"盛大开幕广告"文件中，调整其大小及位置，在"图层"调板中设置图层"不透明度"为 50%，效果如图 14-47所示。

图 14-46 调整素材

图 14-47 调整图层不透明度效果

（13）选择横排文字工具 T，在图像窗口中输入文字，效果如图 14-48 所示。

【例 14.3】 中国风广告设计制作

制作效果：

本案例主要运用的图层模式设置，将各元素颜色统一，效果如图 14-49 所示。

图 14-48 最终效果

图 14-49 中国风广告效果图

制作步骤：

（1）启动 Photoshop CS6 程序，选择"文件"→"新建"命令，在弹出的"新建"对话框中设置"名称"为"中国风房产广告"，"宽度"为 14 厘米，"高度"为 21 厘米，"分辨率"为 100 像素/英寸，"颜色模式"为"RGB 颜色"，"背景内容"为白色，如图 14-50 所示。设置完成后单击"确定"按钮，创建一个新文件。

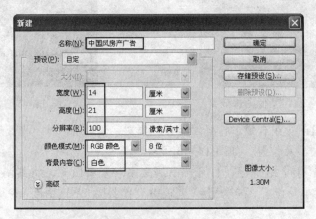

图 14-50 "新建"对话框

（2）选择渐变工具，单击"点按可编辑渐变"图标，弹出"渐变编辑器"窗口（见图 14-51），设计第 1 标点颜色为黑色，第 2 标点颜色为红色，再单击其属性栏中的"线性渐变"按钮，设置好渐变属性后，将鼠标指针移至图像窗口的上部，并向下部拖动鼠标，绘制出图 14-52 所示的渐变颜色。

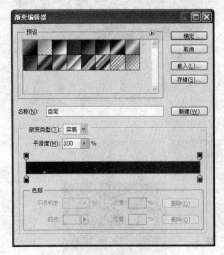

图 14-51 "渐变编辑器"窗口

图 14-52 渐变效果

（3）按【Ctrl+O】组合键，打开"华表"图案素材图像，将其调入"中国风房产广告"文件中，调整其大小及位置，单击"图层"调板，设置"图层 1"的混合模式为"柔光"，图层"不透明度"为 90%（见图 14-53），效果如图 14-54 所示。

（4）设置前景色为黄色，选择横排文字工具，在图像窗口中输入文字，效果如图 14-55 所示。

图 14-53　设置图层模式　　　　图 14-54　设置图层模式效果　　　　图 14-55　输入文字

（5）选择矩形选框工具，创建矩形选区，填充黄色，并复制多个排列，效果如图 14-56 所示。

（6）按【Ctrl+O】组合键，打开素材图像，将其调入"中国风房产广告"文件中，调整其大小及位置，如图 14-57 所示。

（7）按【Ctrl+O】组合键，打开"石狮"素材图像，将其调入"中国风房产广告"文件中，调整其大小及位置，如图 14-58 所示。

（8）按住【Ctrl】键单击图层"狮子"的缩览图以载入其选区，新建图层并填充深黄色（见图 14-59），单击"图层"调板，设置"图层 1"的混合模式为"颜色"，效果如图 14-60 所示。

（9）按【Ctrl+O】组合键，打开书法素材图像，将其调入"中国风房产广告"文件中，调整其大小及位置，如图 14-61 所示。

图 14-56　绘制矩形　　　　　图 14-57　调入素材　　　　　图 14-58　调整素材

图 14-59 填充颜色

图 14-60 设置图层模式效果

图 14-61 最终效果

习　　题

一、简答题

1. 平面广告的要素有哪些？

2. 平面广告创意的重要性？

二、上机操作

制作图 14-62 所示的广告效果。

图 14-62 广告效果